# 原子力帝国

Der Atom-staat,
Vom Fortschritt in
die Unmenschlichikeit

ロベルト・ユンク――著
Robert Jungk
山口祐弘――訳

日本経済評論社

DER ATOM-STAAT

# 日本語版のためのまえがき

## 信頼の終焉？　自由の終焉？

核分裂の副産物として生命に有害な放射線が出ることを、われわれは知っている。この問題については長い間論議がなされてきたが、人間の手で生み出された放射線の特質についてくわしく調べれば調べるほど、指導的な専門家への疑念はますます大きくなってきた。たとえば「放射線生物学の父」カール・Z・モーガン教授も一年前（一九七八年）から、こうした専門家に反対して立ち上がっている。

私が本書『原子力帝国（アトム・シュタート）』で素描した考察は、人びとの間で耐えがたいまでになっている不信によって、われわれの環境、とりわけ精神的な環境が侵害されていることにむけられている。原子力産業がさらに発展し、原爆の材料であるプルトニウムや、同様に特殊核物質として（すなわち核爆弾用の爆発物として）転用しうる純度の高いウランをキロ単位ではなくトン単位で生産するようになれば、原子力産業でそれが悪用されないようにするために、現在すでに警察がおこなっている規制はますます強化されるにちがいない。

すでに一九七八年八月、アメリカでは、原子力施設と核物質輸送の監視員の数を五倍にすることを要求する法律が発効した。そのうえさらに、燃料棒生産から原子炉、燃料再処理工場、さらに核廃棄物の貯蔵施設にいたる、さまざまな核エネルギー生産施設を、幾重にも守られた現代の要塞にすることが規定されたのである。このアメリカでの措置にならって、現在、原子力産業を所有するすべての国で同じような措置がとられている。

しかし、この原子力施設の警備の強化にかぎらず、われわれは、その周辺地域が以前より何倍も厳しい監視にさらされることを覚悟しなければならない。原子力施設の周辺三十〜五十キロの区域と、核物質が運搬される沿道の住民一人ひとりについて、当局は詳細な情報を入手しようとする。彼らは、住民の政治的関心を調査するだけでなく、個人的な傾向や性格についてのくわしいデータを得ようとするのである。当局はこうした措置を当然のことと考えている。なぜなら、こうすれば、なにか「突発事故」が起こったとき、原子力施設や核物質の運搬を襲撃するテロリストやストライキ参加者に隠れ家を提供するグループがつきとめられるからである。

このようなデータを手に入れ、絶えず最新の情報を保管しておくためには、何百万もの人びとを調査し、永久に監視しなければならない。この目的を達成するために、民主的な憲法をもつ国家においても、市民のなかに刑事が送りこまれることになるであろう。彼らはこうして、事前に「核テロリスト」たちの行動計画を察知しようと考えているのである。

いま始まったばかりのこうした活動が、恒常的な相互不信の空気を作り出すことになるのは当然であろう。人びとは「破壊分子」とみなされるのを恐れて、他人との会話のさいもしだいに用心深くなり、知り合いにもしだいに本心を打ち明けなくなる。なぜなら批判的な言葉や常識からはずれた振舞いは、監視されている人間に対して大きな不利益を招来するかもしれないからである。核の事故が起これば一時的な自由剝奪にまでエスカレートしうるのである。

核エネルギーを工業用に用い、核施設を整備している国の政府は、事実、真の意味でのジレンマのただ中にいる。保安措置が手ぬるすぎれば、原子力施設でストライキやテロ行為があった場合、そのような措置は市民の生命を守るには不十分であると非難されるであろう。しかし、核テロリズムの脅威を重大に考えるならば、国家は警察国家に変貌せざるをえない。

市民が原子力をさらに拡大することを許すならば、それは、民主主義的な権利や自由がすこしずつ掘りくずされることを認めたことになる。一見論理的で合理的なテクノクラートを前提として成り立つ新しい専制政治を阻止することは、市民が、原子力産業に反対する闘争を、たんに健康や環境保全のための闘争としてだけではなく、自由のための闘争としても、つまり不信ではなく信頼と連携にもとづく人間関係を守りぬく闘争として理解することによって、初めて可能なのである。

ロベルト・ユンク

# 目次

# 序——硬直した道

れらの問題については感情抜きで書かれ、語られねばならないと言うであろう。それは、「冷静さこそが市民の第一の義務だ」という小市民的な気やすめの今日的な言いまわしである。プルトニウム時代への突入がもたらすにちがいない途方もない出来事を、共感も恐怖も興奮もなく、ひたすら冷静な知性で取り扱うことのできる者は、その過小評価に協力する者である。問題の拡大を阻止し、冷静ではあるが間違った計算が引き起こした事態を阻止するためには、感情の力がくわわらなければならない状況というものがあるのだ。

そもそも原子爆弾の破壊的作用が発動されることがあるとすれば、それは国家間の対決に限られるという考え方は、そのような間違った計算にもとづいていた。だが、近年われわれが取り組んだ研究によれば、社会内部の闘争もまた、恐れられている「核の敷居」をいつかは踏み越えてしまう可能性がある。核エネルギーの生産のさいに生ずる放射性物質の量が増すにつれ、妨害やテロは避けられなくなるだろう。このことはすでにきわめて近い将来に予測される事態である。とりわけ恐ろしいことは、ギャングや煽動者やテロリストたちがひとたびそのような武器を手に入れれば、それを持ち歩くことになんのためらいもないという点では、政治家や参謀たちよりも大胆だろうということである。広島と長崎の恐怖の瞬間ののち、ただちに核兵器の根絶が要求されたが、今日、「平和的な核エネルギー」の拡散によって原子力内乱の危険が近づいているだけに、なおさら正しい配慮が求められよう。

核の未来の幻想にふける者だけが、悪用の危険をすべて無視することができる。国内の安全を完璧に守りうると思うことは、まったくの願望でしかない。原子力産業国家を強制収容所に変えることは、おそらくこの到達しえない理想の名において成功するであろう。だが、そのようにしてすら、核による恐喝と暴力の発動を確実に封殺することはだれにもできないのである。もちろん、これと関連して、外部からの恐喝の企みを考慮しなければならないだけでなく、内部からの暴動の企ても計算に入れなければならない。衛戍（えいじゅ）社会においては、対抗しあう部隊間の内部的対決の恐れがつねにある。いつか、核「施設警備」をまかされている警備隊が「最後的手段」で威嚇にでないともかぎらない。いったいだれがそれほどの力をもった監視者を効果的に統制することができようか。力をテコとする硬直した陰謀家によって、硬直した体制がつくられても、安全性が破られる危険が少なくなるのは初めのうちだけで、時とともに大きくなっていくのが経験則である。専制君主たちの「硬直した道」はそのうえつねに不幸に通じていた。今回は、もはや回復されえない破局となって現われよう。

## 2

エイモリー・B・ロヴィンズは、感受性が豊かで知的なアメリカ青年である。彼は、一見、本の虫のようにみえるが、一年のうちのある期間アメリカ合衆国の北東部のどこかで樵（きこり）のような生活をすることにしている。彼は地位のある大学教授というわけではなく、まだ三十歳にもならないのだが、評判の高い『フォーリン・アフェアズ』誌は一九七六年の秋に、核エネルギーの間違った道を論じた彼の論文を掲載した。専門家の間では彼の主張はきわめて真剣に受けとめられた。以来、この真面目な「神童」は世界中を縦横に歩きまわり、指導的なコンツェルン経営者や高級官僚や専門科学者たちを説いて、いつもどこかで開かれているエネルギー委員会の「硬直した道」を放棄させようとしている。ロヴィンズが彼らに対して論証しようとしているのは、これらの機関によって要求される電気エネルギーの需要量が、真の需要に一致してはおらず、むしろ彼ら自身の願望や希望や不安などを数字として投影したものにすぎないということである。

誤った計算と目標設定にもとづく誤った予測は、彼のみるところによると、六〇年代の「原子力陶酔」を呼び起こした。それは、彼の考えるとおり、二日酔いに終わるであろう。というのも、核産業とそのロビーが経済的、技術的、政治的根拠から立てた野心的なエネルギー計画が満たされることはありえないからである。

だが、ロヴィンズは「ノー」と言うだけではない。彼は「柔軟な道」へと徐々に移行することを主張し、現実的でありながら無視されることの多い人間的な要求について述べ、従来のエネルギーのより徹底した利用と、無害で分散化された「代替エネルギー」を同時に開発するべきだと言うのである。彼が対談の相手や読者の前で行ってみせる計算によれば、巨大発電所が廃止され、あわせて合理化が撤廃されれば、職場の数は幾倍にもなりうるだろう。そのときついにまた、中小企業は大コンツェルンに対抗する機会を得ることになろう。先進国と発展途上国の間の生活水準を相互に近づけ、なによりも、見通しのきく経済的、政治的機構のなかで、より多くの対話を市民に対して保証することができるようになるだろう。こうしたことが可能なのは、「いくつかの有力な機関の利害に抗して」だけだろうということはいうまでもない。

「硬直した道」を選択する社会組織はますます多くなっており、「柔軟な道」は時代遅れのものとして悪評をこうむっている。だが、この百年の産業や政治の発展を両者の対立に照らしてみるならば、事態はきわめて深刻であることが明らかとなる。すなわち、核エネルギーを採用しようという決定は、生産の増大を他のあらゆる人間的関心よりも無反省に高く評価する技術政策の論理的帰結であったのである。

増大する技術的威力の全体系から生じる抑圧、自然破壊、破局的危機をもはや甘受できないと思う人びともまた、世界的規模で原子力に対する闘いに参加しはじめている。「硬直した道」は絶頂に達しており、同時に破局に直面しているのだ。

この道は少数の人間の手に権力が集中することに通じており、「富者」と貧者の格差の増大に導くことが今日知られている。前者は自分の富を喜ぶことはなく、後者はもはや決して自衛策を講ずることができないため、零落する一方である。その道はますます深刻に疎外、冷淡さ、孤立、敵対に導くのである。

この進路を頑なに追求しようとする人たちは、耳を貸そうとせず、眼を向けようとせず、譲ろうとしない。それどころかさらに、彼らは自分たちの非妥協性を誇りにしているのである。一方、話を聞いてもらうことを切実に求めながら、しばしば暴力によって妨害される人びとのなかには、力には力をもって闘おうとする人がますます多くなっている。環境ばかりでなく、政治的、社会的風土もまた、毒される一方である。

「硬直した道」で、「社会主義諸国」が「資本主義諸国」のあとを追っているということは、とりわけ考慮を要する問題である。なぜなら、わずかの例を除いて社会主義国では、踏み出された方向に対して疑念が生じ、その声が進路修正に通じる可能性があるとしても、表沙汰にすることは決して許されないからである。さまざまな組織が一つに統合されることについては西側であれほど論議されたのだが、おそらく仮定されたのとはまったく別の仕方で実現されるだろう。つまり、核エネルギーの導入以来、西側諸国はよりいっそう「硬直した道」に傾きつつあり、東欧において以前から行使されているような強制手段に徐々に適応していくことになろう。今日すでに、人びとは、原子力推進派の口から「向こう側の規律」に対する賛嘆の言葉を耳にする機会がますます多くなっているのである。

「自由世界」においてはすでに、寛容の面での明らかな後退、直接的・間接的な検閲の増加、とりわけ研究面における「反体制派」呼ばわり、職場や私生活の場での監視の強化・拡大が確認されている。多くの人びとは、これが「一時的な処置」であることを望んでいる。だが、原子力産業をつくりあげる国は、それによって永遠に「強権国家」であることを選択することになるのである。

人はつぎのように問わなければならない。産業国家において、指導的な権力者たちが核エネルギー導入の決定を下すとき、それは、主に次のような期待すらふくんでいないであろうか。すなわち、核エネルギーによって初めて、彼らは、「硬直した政治」「硬直した道」を正当化するための物質的基盤、「硬直した支配様式」の物質的基盤を提供することができるのである。そのさい、「いっしょにすすもう」としないものはただちに「破壊的」なのである。

国家と経済はますます巨大機械と同じものになっていくであろう。そうすれば、その機能を妨害することは許されなくなる。このことを要求するのは「事実の強制」である。個人あるいはグループですら、反抗する恐れがあるとみられれば、「篩(ふる)い分けられ」「押しつぶされ」「根絶され」「歴史の廃物(くず)の山に捨てられ」「時代遅れ」として笑いものにされ――情報工学教授の言葉を借りれば――「切除される」のである。これにくわえて、第三世界諸国への核エネルギーの輸出は、既存の権威的国家形態をなお強化し、漸進的な民主化の希望をなくし、農民の農村離脱を促進する。核エネルギーが経済的に見合うのは、それを巨大発電所で生産し、そこから分配する場合だけであるから、今日すでにあまりにも膨張しすぎた産業中心都市が成長することは、発展途上国においては奨励されていることである。というのも、そこでは多くの「顧客」が一つの場所に集まっているからである。それに対して、村々に供給するためには、広大で高価な供給網の整備が必要となる。したがって、たとえば、いままでのところ、インドの原子炉で生み出された電力が、それをもっとも多く必要としている村落の住民に役立つのは、そのごく一部にすぎないのである。

他方、原子力産業は、危険きわまりない核燃料サイクルを高度の性能をもった少数の「核集積所」に集中しようとするが、こうした明らかな傾向は原子力帝国主義の成長を助長する。アフリカやアジアやラテン・アメリカで、今日まだ独立を保っている国々も、将来の第二、第三の原子力拡大の段階では、ますます「エネルギーの鎖」につながれていくことになろう。

そのかわりに、最近アメリカの政治学者アルバート・ウォールシュテッターがイギリスにおける「公聴会」で語ったように、第三世界の原子力帝国（アトム・シュタート）における支配者たちには、恐るべき可能性が与えられることになる。彼によれば、「政府は、キロトン規模の、あるいはより巨大な威力をもった爆縮（核）兵器（インプロージョンスヴァッフェン）を絶望的な最後的威嚇として住民に対して用いることすらできるであろう」。「硬直した道」は、おそらく最後には、こうしたもっとも極端な結果に導くことになろう。

## *3*

事態はそれほど悪くはないのではないか。実際、発展がすでにそこまで達しているとしたら、このようなくだりは公刊されることはありえないであろう。だが、発端はすでにみえている。全体主義的なテクノクラートの「未来はすでに始まっている」。あちこちにはまだ、その実現を妨げる機会が残されてはいる。だが、そのための時間はほんのわずかしか与えられていないのである。

原子力開発の特性はつぎの点にある。開発当初は、それを後退させることは困難だというだけだが、ある瞬間からはまったく不可能になるということである。「不可逆性」のこの現象は、まったく新しい歴史的現象である。原子炉がひとたび「動きはじめる」と、長期にわたりもはや世界から取り除くことのできない過程がはじまるのである。幾世代にもわたって持続する核分裂過程は、あらゆる生物に対する放射能汚染の危険をともなっており、その開始後は、もっとも注意深く、永続的に管理されなければならない。何十年、何百年、何千年にもわたってである。管理されるべき設備や保安施設の数がある点を超えると、厳しい「監視」や「管理」がきわめて長期間にわたって政治的風土を形づくることになろう。

であるからこそ、今日われわれが迫られている決定は、かつてなかったほど広範な意味をもつのである。これまではかつての歴史上のすべての行為の再検討がいつも可能であったが、この決定は再検討されることはできないし、ましてや忘却することはできないのである。

「硬直した道」を歩むことは、未来が、今日生きている者たちによって後の世代に押しつけられることを意味するが、この道を拒否するか躊躇する人びとがますます多くなっているのは、彼らが責任を感じているからである。こうした人びとは、飢えや貧困で病み衰えていく世界の行き着くさきを予言することによって恐怖を広めようとする推進派に対立しているのである。物質的利益が核エネルギーの拡大によってもたらされるとしても――この希望はもちろん疑わしいどころではないのだが――その利益が、環境や社会や未来に対する長期的な不利益をいつの日か償うことになろうとは考えられないというのが反対者たちの予感である。

このような反対は、「宗教戦争」として中傷されてきた。まるで、原子力に反対する者は反進歩的なドグマをまったく無批判に受け入れているかのように。だがむしろ、彼らの多くに言えることは、そのより深い配慮、より豊かな想像力の故に、当局や多数派によって選択された災禍の道を拒絶せざるをえなくなったということである。なお別の道が可能であるように思われる。

# 放射線の餌食

# 1

「あらかじめ指示しておいた時間を超えて〝放射能汚染区域（ホット・ゾーン）〟で働こうとする者がいれば、酸素をとめるまでですよ」とフレリーは説明する。「換気装置のプラグを抜かれたら仕事をやめるほかはありませんからね。保護ヘルメットをぬぎすてて空気を吸おうなんてことはできっこありません。室内のあらゆるものが放射能で汚染されていることをよく知っていますから。だからあわてて外へ出てくるというわけです」。

パトリス・フレリーは二十代後半の頭のきれる知的な青年だ。考えごとができないほど疲れているときは別にして、内省的であり、しばしば「きたない犬」や「汚れたブルドック」のようなまねをしなければならないことに、ほんとうは嫌気がさしている。しかし、「放射線管理員」であり、ラ・アーグの再処理センターのＳＰＲ（放射線防護課）の一員である彼は、「センター」の作業員が多量の放射能をあびて健康を害することのないように注意しなければならない。怠りなく監視し、警告し、ミスを正すこと、とにかくこれが彼の任務である。しかし、核燃料サイクルの運転というもっとも危険な作業におけるこの課題は、割にあわないだけでなく、もともと履行できないものである。なぜなら、この「壊れた棺」（「この腐った箱！」）ではいたるところで、放射能で汚染された空気が、次々に生ずる裂け目から侵入し、たちまち、（保護されているはずの）頭髪、（天然繊維や合成繊維で守られているはずの）皮膚、（厚い眼鏡の下に隠れていなければならない）目、（防毒フィルターで守られているはずの）気管にふれることになるからである。

つぎのような再処理工場の行程のすべてが、自動的に、つまりほとんど人間の直接的な関与なしにおこなわれねばならないことは、本来確実である。

●燃料棒の特殊車輛からの荷下ろし。
●放射能を減衰させるための水槽内への収納。
●捕捉具の遠隔操作による燃料棒の保護カバーの除去（ラ・アーグでは「手袋をぬがせる」と呼んでいる）。
●大型金属剪断器による中身の細断。
●高放射性の「破片」の沸騰硝酸中での化学的溶解。
●さまざまな工程で精製されたウラン、プルトニウム、およびその他の物質の化学的分離。
●酸化プルトニウムの生産。
●ウランの濃縮。
●残留廃棄物の後処理。
●液体および固体廃棄物の貯蔵のための準備。
●放射能の強度に応じた廃棄物の分離「埋設」。

## ●低放射性の液体廃棄物の海への排出。

しかし、机上でこそ順調に進行する計画も、いざ実行するとなると、たちまち無数の罠がしかけられた障害物競走と化した。最初の損耗現象は予想よりもはるかに早く生じてしまった。強酸やかなりの高温にも耐えてきた素材にたるみや変形が生じ、パイプは破断し、バルブは漏れたのだ。なぜラ・アーグで——そしてなぜ他のすべての原子力施設でも——異常に多くの材料破損が生ずるのか。これについては今日にいたるまで、いまだ疑いの余地なく解明されてはいない。実際、ここでもしすべてが設計者の考え通りに機能するとすれば、放射線防護員の仕事は子どもの遊びのようなものであろう。しかし、スウェーデンの物理学者ハンネス・アルフヴェンが的確に認めているように、原子力産業の現状は「技術の天国」——と、推進派は大衆をだまして信じ込ませようとしているのだが——どころではなく、むしろ、うまくいくはずのものがほとんどそうはならない「技術の地獄」なのである。なぜなら、テクノクラートが計画のなかで前提としているようには、機械も人間も完全に働くということはありえないからだ。

集中力に欠け、間違いやすく、忘れっぽく、だらしなく、そして夢想癖があるような人間は——これまでになく危険で有害な技術を人間に押しつけようとしている厳密で非人間的な要求からすれば——「欠陥構造」ということになる。ここノルマンディーの霧深いコタンタン半島北端ほど、こうしたことをはっきり見てとることのできるところは他にない。ここにフランス原子力庁（CEA）はいまのところ世界最大の核燃料再処理工場を建設した。この工場のおもな仕事は、一度原子炉で用いられた燃料棒から（使用済みとはいえ、そこでは取りだすことのできるエネルギーのごく一部が使用されたにすぎない）、この分裂過程で生じる大量の高価な人工元素プルトニウム（Pu239）を取りだすことである。このプルトニウムは、原爆や「次世代原子炉」、すなわち「高速増殖炉」に使用される。

ところで、これまでのところ、技術的になんの支障もなく運転されている再処理工場は世界中のどこにもない。故障が頻発し、一時的停止が繰り返され、そして多くの場合——たとえばウェスト・ヴァリー（アメリカ）のように——永久閉鎖にいたっている。専門家ですら、この技術はまだ「未成熟」と認めているにもかかわらず、ウィンズケール（イギリス）やラ・アーグでは、大型処理工場が稼働しており、原子炉用燃料が、実験炉用のキロ単位ではなく、トン単位、何百トン単位で加工されねばならなかったのである。ドイツ、イタリア、オランダ、スウェーデン、スペインからの、鉛製の安全タンクを積んだ大型トラックが——フランス人はこれを「城（シャトー）」と呼んでいる——警官に守られて夜となく昼となく、田園の景観を残す半島の道を走り、ヨーロッパ大陸の西端のこの地に、各国でうとまれ呪われた荷物を下ろすのである。

日をおかず起きる海上、陸上の事故にためらうことなく、ストライキや住民の間につのる不安にもなんら注意を払わず、そうしたことを外国にはひた隠しにして、COGEMA（フランス核燃料公社）の代理人たちは世界をとびまわって、ひたすら大型の新規契約を取ることに腐心している。現在最新のもっとも儲かる契約は日本とのもので、ウェスト・ヴァレーが閉鎖を余儀なくされ、イギリスの工場が新規の注文に応じられなくなって以来、順調であるよりは不調なことの多い再処理の分野でフランスが独占的地位を形成している。再処理工場なしでは世界中の原子力産業はストップせざるをえなくなろう。

長い間、ラ・アーグの故障は隠蔽され、言いつくろわれてきた。視察旅行に招かれるのは、政治家、実業家、役人、それにその国の原子力産業によってあらかじめ慎重に選ばれたジャーナリストに限られていた。彼らは、百メートルを超える煙突のそびえる堂々たる工場を見せられ、目下まさに作動しているところに限って案内される。またもや修理のために閉鎖中の部門は、すばやく通り過ぎるというわけだ。招かれたお客たちは、もたれるノルマンディー料理やあびるほどのリンゴ酒でもてなされるばかりか、「岬の住民は数えるほどですし、彼らからの抗議もこれまでありませんでした」（『フランクフルター・ルンドシャウ』一九七七年七月二十一日付）という所長ドゥランジュの言葉にまるめ込まれてしまうのである。ほんのすこしでも地方新聞に眼を通してみれば、住民がどれほど不安を覚えているかがわかっただろう。

ベルナール・ラポンシェは物理学者であり、フランス原子力庁の協力者で、社会民主主義とキリスト教に近い労働組合総同盟ＣＦＤＴ（フランス労働連盟）――ラ・アーグの組織された労働者の大部分はこれに属している――の指導的役員でもある。彼は折に触れて、ことに一九七七年春には、西ドイツ放送のラインハルト・シュピルカーのインタビューに答えて、「世界中が声をあわせてラ・アーグはうまくいっていると言っている。しかしそれは嘘だ」と述べている。しかし、だれも彼の言葉に耳をかたむけようとはしなかった。七七年十月初め、フランスのいくつかの町での記者会見で、「ラ・アーグのごまかし」を暴露したときでさえそうであった。もしラ・アーグの実態が一般に知られれば、各国の原子力産業の推進者たちは、認可手続きのさい、放射性廃棄物の再処理や貯蔵はなんら重大な問題ではない、と言いはることはもはやできなくなる。彼らは、それは、なによりもまずフランスとの契約によって保証されていると答えるのである。

ラポンシェのおかげで、私はCOGEMAの広報担当者によってだまされることなく、ラ・アーグ・センター——これは「ラ・アーグの魔女」と呼ばれている——で文字通り毎日身の（だけでなく）危険を冒して働いている人びとと連絡をとることができた。この人たちには、外部からの訪問者に、原子力村の実態をごまかす義務はない。彼らは、全世界に現実を知ってほしいと考えている。すでに七七年の夏に、燃料棒を収納している水槽がいっぱいになり、放射能で強く汚染されるという事故があった。加工を待つばかりの燃料棒が、あまりに長期間貯蔵されたため、破損したのである。生産工程が停滞し、予定されていた一日四トンの処理計画が一度も達成されなかったために起こった事故だった。フランス国内の原子炉から出る放射性物質の再処理が期限通りにおこなわれたことはこれまで一度もない。国外からの大量の放射性廃棄物は言うまでもない。なぜなら一九七六年に新設された工場が（これは外国の顧客の原子炉から出る十倍も強い放射性物質を加工するはずだったのだが）、一年以上も稼働していないからである。

ラ・アーグの批判的な労働組合員のおかげで、私は、これまでにない恐ろしい労働環境を垣間見ることができた。ここでは、健康ばかりか、言葉や自己決定の権利も奪われている。彼らは自分たちのことを――「砲撃の餌食（カノーネン・フッター）」という言葉をもじって――「放射線の餌食（シュトラーレン・フッター）」と呼んでいる。彼らは、数年働いたあと、いつかボタ山の「鉱滓」のように捨てられるのではないかと恐れている。あるいはもっと悪ければ病院で死ぬかもしれない。彼らはまた、解雇されて何年かのちに、放射線を強くあびたための後遺症が生じたとき、補償があてにできるとは決して思っていない。すくなくとも、いままでの例では、そう考えざるをえまい。原爆の後遺症で苦しむ広島や長崎の放射線患者のためになにもしようとしないアメリカ人のように、ラ・アーグの雇い主は、以前働いていた労働者のうちから出ると予想される若年廃疾者やガン患者に対して、今日にでも長期的な責任を負うためのなんの準備もしていない。十年あるいは二十年ののち、そうした病気が急に進行しても、「それに対して責任をとろう」とする者はだれもいないだろう。

## 2

ダニエル・コションは勤務交替のあと、厳重に塀のめぐらされている「センター」の敷地をぬけて、彼の小さな車をとめてある駐車場まで運んでくれるバスに乗り込み、座席にたおれこむや眠り込んでしまう。そしてたいていは警備員の立つゲートを通りすぎるころにやっと目をさます。ここ数年、彼は、「機械調整」部門で休むひまもなく働いている。放射線防護班が欠陥を確認すると、そのすべてにこの部門が関与せねばならなくなるのである。

設計者や建設者の言に従えば、技術的な故障はほんの例外的にしか起こらないことになる。しかし、実際毎日の運転では、小さいものや大きいものを含めて、修理のまったく必要のない状態はほとんど一時間と続かないのだ。一九六七年、主要工場UP2（プルトニウム第二工場）が稼働を始めるやいなや、例の「小児病」の発作が襲い、それが直るか直らないかのうちに、もう老衰が始まっていた。工場の建設者や設備担当者は、すべてをできるだけ早く――早すぎるほどに、――やせた青い芝生の上にすえつけることに懸命だった。これほど事故の危険をはらんだ運転には、慎重すぎるほどに慎重な、厳密すぎるほどに厳密な注意が払われるべきだということを、彼らはよく考えようとはしなかった。

「当初は、どれもこれもピッタリあわず、すべての部分がバラバラでした」。ラ・アーグのベテラン技術者たちはこう述懐する。「どうしようもありません。あのころはまだ、いつかはよくなるだろうと思っていました。しかし、そうはならなかったのです。もうだれも期待してはいません。一九七六年、アメリカ系の軽水炉の使用済み燃料棒用の新工場、つまり〝ＨＡＯ（高放射性酸化物燃料）工場〟が稼働しはじめてから、事態はますます悪化しました。わずか二週間後には運転を中止しなければならなくなり、それ以来動いていないのです」。

実際、このような工場で損傷が起こると、それをもとどおりにすることは従来の通常の技術体系の場合とは比較にならないほど困難であり、膨大な時間を必要とする。なぜならこの場合、まず第一に、非常に複雑な条件のもとで隔離したうえで、有害な放射線源を扱わねばならないからである。したがって、漏れ口を次々と絶え間なくふさぎ、歪んだ箇所をまっすぐにし、破損部を交換するだけでなく、建物全体を何時間、あるいは何日間にもわたって遮蔽することが同時に問題となる。装置が複雑な場合、作業もこみ入ったものとなり、問題の箇所だけを修理するというわけにはいかなくなることもしばしばで、まず厳重な管理策のもとで毒性を除去しなければならず、そののちに部品を一つひとつ分解し、再び組み立てるのである。こうして初めて据え付けが可能となる。原子力時代のシジフォスにとって、事態は、神話時代の彼の先祖とは比較にならないほど困難である。彼の運ぶべき荷物は重いだけではなく、そのうえ有毒でもある。彼に課せられた、決して終わることのない苦役は、肉体的な力と同時に精神的な抵抗力もすり減らす。彼があびるであろう、眼に見えない放射線への不安は、作業中は身につけなければならない防護服の内で感じる孤独感と同じく、彼を憔悴させるのである。

## 3

ラ・アーグの労働者たちは、彼らが着ける現代の甲冑(かっちゅう)を「シャドック」と呼んでいる。シャドックは白い化学繊維でできており、それを着ると放射線の作用から保護されることになっている。初めフランス人たちは、この型の核用高級服（オート・クチュール）を「ヒロシマ」「ナガサキ」と名づけていたが、呼び起こされる記憶があまりに暗すぎたためか、これにかえてマンガやテレビでおなじみの、空想的な像を選ばねばならなかった。シャドックは鳥に似た、いたずらずきな想像上の生き物で、その長い嘴は、防毒マスクの尖ったガスフィルターを連想させる。こういうわけで、この快活なメルヘンの世界の生き物は、いまや原子力工場というユーモアのかけらもない恐怖の世界のなかに、新たな名誉を得る次第となったのである。

「プルトニウムの騎士」が完全に衣装をつけるには約三十分かかる。彼は、放射線防護官の監督のもとで、白い下着、赤い胸帯のついたメリヤスの着物、ビニールのガウンをつぎつぎと着こみ、三足のソックスとオーバーシューズ、三重の手袋、鼻から目のふちまでおおう呼吸器をつけ、最後にシャドックそのものをかぶせてもらうのだ。さらに最後の手袋と、まるでヘソの緒のように後にひきずる酸素導管を結びつけてもらい、原子の騎士はいざ出陣というわけである。

エア・ロックを通って検査や修理の必要な「汚染区域（ホット・ゾーン）」に入るまえに、彼はもう一度、そこにとどまれる許容時間について厳しい指示を受ける。それは、放射線の強度に応じて、数時間のこともあれば、わずか数分ということもある。作業時間は、各人の現在の放射線被曝量残高によって決定される。もし先月の作業で、すでに年間最大許容量の大部分をあびているならば（ついでながら法規によれば、原子力関係労働者の最大許容量は、一般の十倍高くてもよいことになっている）、汚染区域で長時間働かされることはない。さらに彼が不可欠の専門家の一人である場合には、非常に短時間の点検や監視、あるいは特別難しい組み立て作業にさしむけられるだけなので、年間を通じて細分化されて、可能なかぎり何度でも作業できることになる。しかし、ある種の修理は数分では片づかず、数時間にも及ぶことがある。たった一箇所の故障の修理にも、しばしば三人、五人、あるいは十人の作業員が交替しなければならないため、どの作業員もごく一部しかこなすことができない。これは、多くの人にはなんとかがまんできても、まったくがまんできない人もいる。彼らは仕事を終わりまでしてはならず、いつも一部分だけを片づけることに慣れなければならない。彼らは自分たちの仕事の始めも終りも知ることはできず、労働に喜びを感じることは拒まれているのだ。

一九六九年、フランスのサン・ロラン・デゾ原子力発電所で操作ミスのため貯水タンクが故障したことがあったが、この修理には十四時間を要した。すくなくとも百五人の作業員が交替してこの修理にあたった。にもかかわらず、彼ら全員が大量の放射線をあびたのである。アメリカでは、原子力産業の草創期には「放射線（シュトラーレン）の餌食（フッター）」たちは非常に注意深く扱われていたが、インディアン・ポイント原発一号機の修理には（これはニューヨーク市営で、一九七七年七月、落雷によって故障した）蒸気発生器のたった一本の破損したパイプをとりかえるために、なんと千八百人もの作業員が投入されたのである。

今日ラ・アーグでは――そしてこれはまた他の原子力企業でも同じことなのだが――優秀な労働者（および高額被保険者）が放射線をあびすぎるのを防ぐために、実にいかがわしい「解決策」がとられている。センター周辺の市町村、たとえばジョーブールやボーモンには、数時間とか数日単位で労働者を工場に斡旋することだけを仕事としている小さな請負師が、雨後のたけのこのように現われたのだ。これらのいわゆる「臨時雇い」の被曝放射線量に責任をもつのは、工場ではなく、これらの私設「奴隷商人」たちである。そうした時間労働者たちは、以前原子力発電所で働いていたかどうか、そこで放射線をあびたことがあるかどうかをたずねられることはない。あびていないことが前提とされているだけだ。そしてたいていの場合、すぐさま「もっとも汚れた仕事」つまりもっとも健康を害する仕事が彼らに与えられるのである。汚染区域にまっさきに送り込まれるのはいつも彼らである。そこで、必要な予備的作業を専門家のためにおこなうのだ。たとえば、漏れ口を遮蔽したり、そのまえに出入口の扉を設けたり、あるいは、汚染された洗濯物や放射性廃棄物をプラスチックの袋に分類してつめ込まなければならない。その場合、呼吸はなるべく止めるようにしなければならない。放射性のほこりが舞い上がらないためである。

彼らは、原子力産業の傭兵であり、ルンペン・プロレタリアートである。彼らはいかなる要求にも応じなければならない。わずか数日間で、彼らは、正規の作業員の一年分の放射線をあびるのだ。あるいはもっと多くあびることも決してまれではない。なぜなら、彼らを雇っている臨時会社は、衛生局によって義務づけられている検査フィルムの送付をしばしばあっさりと「忘れる」

からである。このフィルムから日毎にあびた放射線の量が読み取られるのだが、こうして実際の被爆線量がもみ消されるのである。

「臨時雇い」たちが、はやくも仕事の第一日目の午後には、放射性物質にふれたり、けがをしたりして、救急車を探さなければならなくなることも決してめずらしくない。彼ら補助労働者たちは、「センター」の労働者や職員とちがい、彼らの仕事のためにほとんど、あるいはまったく訓練を受けていないからである。休暇中の学生が雇われることもしばしばあるが、彼らは理解が早い反面、手先はあまり器用ではない。そこでたいていは失業者が雇われることになるが、彼らがまえもって聞かされるのは、いいかせぎになるという話だけで、ラ・アーグでの仕事がいかに危険で、かつ責任重大であるかについては、まったくなにも知らされていないのである。

こうしたやりくちはセンターのほとんどの人が知っている。しかし、労働組合が「放射線パス」の導入と、臨時雇いの平等化を要求しても、責任者は目をつむり、耳を貸そうともしない。もし、知識も十分でなく、不注意で、まったくすてばちで、安全規定に違反して、自分の甲状腺や肺、生殖細胞などを危険にさらす人間がいなければ、一九六七年以来、年毎に放射能汚染を増加させている工場がどうして運転を続けられようか。実際、初めのうちは、彼らは自分の軽率さの結果を実感することはない。経験からすれば、その結果はずっとあとになって初めて現われるのだ。彼らは将来のことを考えることもなく、自らの寿命とひきかえに時間給をもらうことになるのである。

## 4

ラ・アーグのプルトニウム工場で長期間働くにつれて、「臨時雇い」ばかりでなく、正規職員たちもまた、しだいに無関心でなげやりになっていく。実際そうでなければ、放射線の危険にたえず脅かされる生活に耐えられないのであろう。汚染された「独房」の「ほんの小さな取っ手」を片づけるというようなときには、防護服を着ようとしなくなる。いったいなぜいちいちたくさんの部品のついた甲冑を、いつも同じように着たりまたもたもたと脱いだりしなければならないのか。まったく煩雑で時間がかかりすぎる。そうでなくとも、「シャドック」を着た仕事は嫌なものだ。すぐに手は震えだすし、動悸ははげしくなる。膚には常に汗が流れ、乾くいとまもない。潜水用ヘルメットの長円形ののぞき窓はくもっている。視界は悪く、なにも聞こえない。仲間の作業員とは、ただ身ぶりで意志を伝えあうしかない。孤独を感じる。これにくわえて、重い防護服を着ていてどこかでつまづくのではないか、出っぱったネジにひっかかって、引き裂いてしまうのではないか、こうした不安が絶えずつきまとうのだ。

実際、そのようなことが起こったら、大急ぎで「非汚染区域（クリーン・ゾーン）」に引き返し、あわてて服を脱がねばならない。そのうえ、急いでいるときは手順を誤ることが避けがたい。これがますます放射能汚染につながるのだ。その結果、「医療部門」の検査室での、綿密かつ煩雑な検査が、何時間、何日、何週間と続くことになる。血液、唾液、鼻汁、尿、すべてが分析される。「どのくらいあびたのでしょうか。先生、あまりよくないんでしょうか。あれ以来とても疲れるし、イライラするんです。女房はもう私にがまんできないってわめくし、それに、なにもかも急に、以前のようにはいかなくなってしまいました」。

時が経つにつれて、作業員たちは、「放射線防護員」の眼をぬすんで、禁煙の場所でタバコを吸い、飲食の禁止が明示されているところでこっそり持ち込んだビールをするするといったことまでするようになる。また、工場を出るさいの抜き取り検査をおこなう管理室をどう迂回するか、携帯を義務づけられている万年筆型の小型測定器をどう操作すれば、「放射線のあびすぎ」に気づかれずにすむか、といったことのすべてをただちに理解するのである。

こうした、あるいは他のささいな、しかし重大な結果をもたらす規則違反を、彼らの無関心さだけから説明してはならない。これらの違反は、四六時中の監視、絶えざる警戒、まったく耐えがたくなる抑圧的隷属に対する、最終的な反抗なのである。そもそもこうした大騒ぎのすべてはもともと、「上部」すなわち冷淡で遠い存在の経営者やうぬぼれの強い技術者、わがままなSPR（放射線防護課）の職員の気まぐれによるいやがらせにすぎまい、と労働者の多くは疑い始めている。

パトリス・フレリーの告白によれば、健康管理者にしたところで、自分たちの融通のきかない杓子定規にもううんざりしている。規定を現実に実施するには、人手がたりないのだ。規定を徹底すれば、工場全体がただちに停止してしまうだろう。そういうわけで、たとえば夜間勤務のさい、「抜き取り」部門の班員が、遠隔操作のはさみ具の修理をまたず、自分自身の捕捉具で間にあわせ、貯蔵タンク内のひび割れのある燃料棒を捜しはじめる、といったことは見逃される。即席の道具のためうまくつかめないということが一度でもあれば、十分である。たちまち、燃料棒が放射能で汚染された水の表面にすべりおち、有毒なしずくが空中にとびちる。そうすればまたも や「突発事故」であり、施設のこの一部が数日にも及ぶ運転停止を余儀なくされることになろう。「完全な安全性など、紙の上にしかありません。そういうことが聞けるのは学会か、企業が請け合う宣伝文句のなかだけです」。そうパトリス・フレリーはあきらめ顔で言った。「まにあわせの処置を講ずるほかありません。でなければ、ほとんどなにもしないということです。すくなくとも、そういう場面に出くわしたときには、人間は、自分が考えをもち、なにか自分らしいことをし、肉と骨からできた、たんなる機械の部品以上のものであることを示すことができます。COGEMAのきらびやかなパンフレットには、巨大な機械装置は見えますが、われわれにとって重要な補助具は見当たりません。その補助具とは、起こりうるすべてのものに用いられ、つなぎあわせるための、つつましい〝薄地モスリン〟の粘着テープのことなのです」。

しだいにふくれあがるそうした放射線防護規則違反の結果は、粉飾されたラ・アーグの公式統計においてすら、完全に隠すわけにはいかなくなっている。一九七三年から七五年にかけてだけでも、二百八十から五百七十二にのぼる件数の「汚染」が認められている。件数はそれ以降さらに増加しているが、労働者が断言するような報告は、今日ではもう公開されない。

たった一つの事件で真相がことごとくを暴露されざるをえなくなった。よりにもよってヨーロッパ原子力機関の三人の監査員の査察中の「プルトニウム工場」で、多量の放射能が漏れるという事故が起こったのである。この突発事故で、計測器は最高値の三十倍の値を示した。そこで労働組合は、一九七六年夏、「ラ・アーグ・センター」を徹底的に除染修理し、近代化することを要求した。しかし、この要求は管理者側の引き延し策にあった。くわえて、ラ・アーグが、これまで国営であったフランスの他の原子力工場と同様、民間の手にわたることが明らかとなったとき、労働者や職員の不安はますますつのった。高い収益性を求める私企業は、作業テンポを高めるはずであり、支出を抑えるために、以前から必要とされていた放射線防護のための改良を実行しないのではないか、と彼らは恐れたのである。また、フランス原子力庁が支払っていた比較的高い賃金を民間の水準に合わせ、さらに社会保障費を削減することも予想されていたのである。

そこで、ラ・アーグでは、九月十六日、ストライキが始まった。

## *5*

「史上初めての原発工場占拠」——ストライキの開始を、翌日のニュースはこう報じた。大多数の労働者がストライキの呼びかけに応じ、工場の敷地からの立ち退きを求める会社側の要求をはねつけた。しかし、この座り込みは、二十四時間しか続かなかった。工場経営者はシェルブールの裁判所に提訴し、工場占拠は「私有権の侵害」であるから即時退去することを命ずるという判決を手に入れた。しかし、ストライキは続行した。それは三カ月にも及び、従業員側は、いかに危険な労働条件のもとで作業しなければならないかということを、ついに広く世間に知らせることができた。「放射線の餌食（シュトラーレン・フッター）」たちのもっとも身近な親類や隣人たちでさえ、秘密に満ちた「センター」の塀や壁の背後でいったいなにが起こっているのかをこのとき初めて知ったのである。「シャドック」のデモは、フランス中のテレビのブラウン管に、まるで幽霊のパレードのように映し出された。しかし、ＣＯＧＥＭＡは、今日まで明らかにされていないやり方で、こうしたニュースが国外へ伝わらないようにすることに成功したのである。

　ストライキをおこなっている労働者たちは、コンサートを開いたり、連帯ピクニックを主催したり、何日にもおよぶ会議「核裁判」をおこなったりした。十月、彼らの風刺的な工場新聞『アーグ・アンフォ』の一面のアドルフ・ヒットラーの風刺画が人目をひいた。彼は、あの世から、「もし私がまだこの世に生きていたら、反社会的なＣＯＧＥＭＡに属し、〝総統〟に選ばれるであろう」と宣言している。その顔が工場長に似ているのは、もちろんたんなる偶然ではなかろう。

「実際このストライキは、私たちすべてにとって、通常の労働争議をはるかに超えた意味をもっていました」。活動のすべての面で指導的な役割を果たしたダニエル・コションは、思い出しながらこう語った。「それはたった一つの偉大な祭りでした。私たちは暗闇から光の方へはい出したのです。ここで初めて、私たちは仲間と知り合い、お互いが、たんなる物言わぬ道具ではなく、同僚であり、友人であることに気づいたのです。以前、私たちは、工場ではいつも必要なことしか互いにしゃべりませんでした。当時はひどくいらいらしていました。疲れていたし、無感覚でした。でなければ緊張しすぎていたのです。部門間の競争がこれにくわわり、絶えず互いに陰謀を企てたり、危険な目にあわせあったりしていました。いまでは、一部ですが「管理職」の人たちさえも、私たちに共感を示しています。〝不適正な労働条件の廃止〟〝工場の民間移行反対〟、これが私たちすべてに共通の二つの目標でした」。

数週間、この団結は、外部に対しては揺るぎないものに思われたが、しばらくして内部から崩壊しはじめた。経営者側は、労働者一人ひとりに、個別に新たな契約をつきつけ、期限をきってサインするよう迫った。ストライキに参加している四つの労働組合の対立が、運動の妨げになっていることはだれの眼にも明らかだった。共産主義色の強いCGTが、まず最初にストライキから脱落した。ラ・アーグが国営から民営に移行することについては原則的に反対であるが、従業員の諸権利を効果的に守るためには「現実的基盤」に立つべきである、というのが彼らの言い分である。ところで、もし「ガス漏れ」というエピソードがこれにつけ加わらなければ、労働争議はこれらによってまだ撃沈されることはなかっただろう。この出来事は、個別性を超えた根本的な意味をもっているのである。

事情はこうであった。ストライキが数週間続行されたため、高レベルの放射性燃料棒が貯蔵されている冷却プールの水が「有毒化」し、全部門が汚染される恐れが生じ、しかも七三年に起こったのと同じような、大爆発を招きかねないガスが発生したかもしれないという深刻な事態に立ちいたったのである。「発火」を予防するには、通常この「水槽」の水は絶えず新しくしなければならない。この作業は、困難で、煩雑で、かつ危険をともなうものであり、水槽の内壁にひび割れが見られるときは、とくにそうである。

そのため、数週間のストライキののち、工場側はこの闘争の指導的立場にある人びとに、一時ストライキを中断し、技術および安全の点から必要な保守作業に即刻取りかかるよう要求した。しかし、まさにこの局面で対立はとりわけ尖鋭化した。パリのCOGEMAの中央がなんら譲歩しようとしないのに憤った多くのストライキ参加者は、「物件への実力行使」をおこなうにいたり、数台のトラックを破壊した。コションは、オクトヴィルにあるピエール・エ・ポル教会の仲間とともに、非暴力的行動を支持して無期限のハンガー・ストライキに突入したが、これが対立をさらに鋭いものにしたのであった。こうした緊張状態のなかで、ストライキ参加者は、汚染された貯蔵水槽を空にする作業を拒否し、闘争は危機の頂点に達した。ストライキ権が、止むをえない技術的な事情と対立したからである。

労働者たちのこの「ノン」は、そう長くは続かなかった。工場側が数人の同僚に対して、例外規定をたてに義務履行を強制したとき、ストライキの指導部は無力であった。彼らは、専門家自身が不可抗力の状態と断定した、この事態に屈服せざるをえなかった。もしそうしなければ、全工場の諸部門にとりかえしのつかない「放射能汚染」が予想されたからである。譲歩を余儀なくされたのちにおこなわれた、苦渋にみちた論争のなかで初めて、このストライキが古いスタイルの完璧なストライキとはまったく違うものであったことが認められた。工場の安全確保のために、従業員の一部はたえず就業していたのである。

現にここでは、新しい種類の社会的状況が問題となっている。原子力施設では、通常の工場と同じように、簡単に仕事を止めることはできない。なぜなら、そこでは、一時間以上停止すれば重大な災害を招かずにはいない化学‐物理反応がおこなわれているからである。たとえば、冷却装置が切られたり、あるいは、ある装置の生産能力をすこし落としただけでも、高レベルの汚染物質が放出され、工場全体、さらに環境までが危険にさらされることもありうるのである。

ロアールのシノンにある原子力発電所でのもう一つのストライキの経過を、フランスの女性社会学者クリスチアーヌ・バリエーリュンが話してくれた。従業員側代表の経営評議会のある委員は経営者側との協議から完全に打ちひしがれてもどり、仲間にこう報告したという。「ひどくきつい話だった。工場長は、われわれに〝キセノン効果〟を頭からあびせたうえで、もしわれわれが作業能率を大幅に下げすぎるようなことになれば、この地方全域を汚染する危険を冒すことになろうと言うんだ」。それ故、シノンの中央指令室では、ストライキ中でも能率をごくわずか下げただけで「運転を続行」しなければならなかった。ここにきてまだ日の浅い若い労働者が、「しかし、とにかく装置を止めたままにしよう。もし、実際にこの地方が汚染されるようなことになれば、われわれがどんなに必要な人間であるかをみんな思い知るだろう」と異議を申し立てた。慎重な同僚が、あきらめ顔で彼をなだめねばならなかった。彼らは、青年に、「君のその強い腕が望むなら、すべての歯車が止まるだろう」という労働者階級の合言葉は、かつてはその正しさが確証されたが、原子力産業にもはや通用しないのだと説明した。放射性核分裂反応は決して止まらない。人はこの反応を、何年も、何十年も、何千年にもわたって、監視し続けなければならないのである。

## 6

ラ・アーグのストライキは一九七六年十二月、成果半ばで終息した。民間移行は阻止することはできなかったが、改善要求は経営側、組合側の代表からなる委員会に送られた。委員会は秘密の報告のなかで、健康の管理と労働条件の改善のために緊急にとられるべき四十七を下らない処置を要求したのである。「原子力安全部」の主席代表者は、例えば、外国の軽水炉から出る核燃料を処理しうる唯一のものである新工場は、人間と環境の安全性が保障されえないかぎり運転されるべきではないと主張したのであった。

古いUP2工場（プルトニウム第二工場）はこの間、つぎつぎに起こる故障に悩まされ続けた。経営側は、数カ月にわたるストライキのために生じた生産の遅れをとりもどそうとやっきになった。そして、その結果は、よりいっそうの故障と突発事故だったのである。

とくに、化学的分離反応で生じる、もっとも高価な最終物質である酸化プルトニウムの加工と計量をおこなう八一七ゾーンでは、故障や誤作動が続出した。一九七七年一月二十三日から二月二十一日の四週間の間に、故障の起こらなかった日はたった一日だけという有様だった。警報はすくなくとも四十二回鳴りひびいた。ある週だけでも、部屋が五回完全除染がなされねばならなかった。「床の汚染が毎秒一万カウントにも」達したためである。

それはまるで悪夢のようであった。除染チームは昼夜兼行でこすって洗い落とそうとしたが、彼らの作業は決して終わることはなかった。放射線をあびすぎたために、「医療所」で手当を受けなければならない作業員の数が飛躍的に増加した。また、排水施設四十四号でも、問題は絶えなかった。にもかかわらず、午後五時以降も運転続行の命令が出された日もあった――まさに運転を中止させることのできる放射線監視員が不在だったからである――一リットル当たり〇・八から三・三ミリグラムの高濃度のプルトニウムを含んだ水が、たちまち排水装置からあふれ出て、粗いコンクリートの床に広がる。このような床は、除染がとくに困難である。パニックに陥った区域がすべて除染され、閉鎖された。それらが開放されたのはやっと十一日後のことである。このような内部での事故は、以前では知られないか、あるいは注目されなかったが、注意深くなった半島の住民たちの不満を高めるようになった。

「彼らは私たちをだましてきた。何度も何度もだましてきた。私たちはもう決して彼らを信用しない」。これは、話題が「ラ・アーグの魔女」や工場経営者に及ぶとき、ラ・アーグ岬に住む農民や漁民がいつも口にする言葉である。現在、再処理工場が建っている、風のよく吹く高台の土地をだましとられた当時、彼らは、新しい生活がつくりだされると確信していた。なぜなら、草もまばらなこの土地は、とくに収穫があるというわけではなく、かなり以前から耕作されずに放置されていたからである。ある者はそこにテレビ工場が建つと言い、また他の土地買い占め人は、洗濯機、冷蔵庫、ミキサーなどの家庭用電気製品をつくる企業について話していたのである。

この知らせを土地の人たちは喜んで迎えた。というのも、農業や漁業は――数百年にわたる隣国のイギリスからの実入りの多い密輸と並んで、これらがこの土地の主たる収入源であった――大規模化された農業コンビナートや機械化された大量漁獲の時代にはしだいに困難になってきていたからである。これでやっと若者のための職場ができるというのである。老人たちは、例のごとく警戒した。すべての〝よそ者〟――彼らは何世代かにわたってコタンタン半島に家族が住んでいない者をこう呼んでいる――に対する不信感もあって、彼らは、高い石碑「メンヒル」を草原のあちこちに残したドゥルイド僧たちの予言を思い出したのだった。それはすでに遠い昔、ヴァイキングが海からの侵略に成功することを予言していたばかりでなく、将来の大陸からの侵略をも託宣していたのだ。

二百二十ヘクタールの土地に、なにか「原子力」に関係のあるものが建設されそうだという噂が広まりはじめた頃、土地の人たちは副知事に事情を説明するよう求めた。それはたんなる噂にすぎないという答えが、彼らを安心させた。しかし、まもなく、ぞくぞくと建設労働者が現われ、ガス、水道の敷設工が現われ、技術者や第一線の特殊技能工が南フランスの原子力センター、マルクールからやってきた。そこは、かなりまえから軍がフランス核戦力用のプルトニウムを生産しているところである。こうなると、当局としても、事実を歪曲したり隠すことはもはやできなくなったが、まだ害を出すことはないと言いはることはできた。住民にはなんの危険もない、新しい工場は静かで清潔である、というのが彼らの言い分であった。あの高い煙突？　あれは煙なんか出しはしない。使用済みの空気をはき出すだけだ。海にまでのびている長いパイプ？　あの中は無害な排水が流れることになっている。排水は、この沿岸でとくに強い潮流、「ブランシャーの渦潮」がたちまち遠い大洋に運んでしまうだろう。

実際、三方を大西洋の波で洗われている岬の住民たちが、この無気味な新しい客を迎えるはめになったのは、とりわけ、大きな災害をしばしば引き起こしてきた海の「おかげ」であった。何百年この方、「ブランシャーの渦潮」は、漁船や船を渦の中に呑み込んできた。いまや、この渦潮は、もっぱら、毒をできるだけ早くフランスの海岸から洗い去ればよくなったのだ。ところで、五〇年代の終わりにラ・アーグを建設予定地に決定していたフランス原子力庁の立地担当者にとっては、また別の要因も働いていた。一つは、放射性のガスをすばやく吹きとばす速い風であり、もう一つは、さしあたり放射性廃棄物の中期間の貯蔵に役立つ地盤の特性である。そして、公式に表明されているわけではないが、もれ聞くところによれば、破局的な事故のさい、内陸部の場合と比べて海に囲まれた半島は簡単に本土の他地域から遮断できるという確信である。

「センター」の経営者の告白によれば、再処理過程で生ずる気体状、液体状の大量の放射性物質は空中に放出され、海へ排出されているということだ。なじみやすいレンガ模様の、まるで積み木でできた模型のような印象を与えるすらりとした煙突からは、生物に有害なアクチノイドが、いつも環境にはき出されている。たとえば、一九七四年には、比較的少量の水銀203、ヨウ素131とともに、少なからぬ量のトリチウムおよびかなり大量のクリプトン85が放出されていた。七五年だけで、一万一千キュリーのトリチウム、二万三千キュリーのルテニウム106、千キュリーのセシウム134、137、そして、とくに骨ガンを引き起こすに十分なストロンチウム89、90、少量のプルトニウムが、排水管を通じて工場の周辺にばらまかれたのである。

アメリカのデンバーの近郊にある「プルトニウム工場」での経験からすれば、この量は、長期的にガン発生率の少なからぬ増加を引き起こすに十分な程度にすでに達していることは明らかである。ラ・アーグの場合、さらに重大なことがつけ加わった。放射性廃水を海に流し込むパイプが、これまで確認されただけでも、すでに三十回以上漏れたのである。こうした破損は、何日かあとになって初めて気づかれることが多い。その間に、有毒な排水は大地にしみ込み、地下水にまで達したこともあった。すでに今日、ラ・アーグの周囲百キロ以内の海の放射能汚染は、通常の平均値を超えている。「原子力委員」が、大西洋岸に沿っておこなった調査によれば、ラ・アーグの放射性廃棄物が流れ込むエカルグレン湾の海洋動物群は、百キロ離れたフレール岬の動物群よりも、五倍以上も高い値の放射能を含んでいることがわかった。沈澱物、海草、サンゴ、貝、カキ、カニ、魚は、すでに強く汚染されている。漁師は、スズキ、カレイ、ヤツメウナギの体の表面に、イボ状の斑点があると教えてくれた。他の種類の魚も肉が黒ずんでいるし、頭やしっぽをたくさんもった小さい海の怪物が網にかかると噂されている。

このような話はすぐに広まり、噂が噂をよんで尾ひれがつく。かつて人気のあったラ・アーグのカニは、もうだれも買おうとしなくなった。「ラ・アーグ・バター」という有名な名前も、「セール谷バター」に変わった。多くの人が、「ラ・アーグ・バター」を料理に使おうとしなくなったからだ。一九六八年十月二日、工場は近隣の農家からすべての牛乳を買いとらなければならないことが明らかになった。甲状腺に有害なヨウ素131が平均値をはるかに超えて、大気中に放出されていたことがわかったからだ。

こうした中・小規模の事故は、ますます頻繁に知られるようになった。シェルブール最大の食料品店でたまたま抜き取り検査したとき、トラックに放射能汚染が確認された。このトラックは、輸送のために、前日、戸閉りの悪い倉庫から借り出されており、この倉庫から研究用の放射性物質が発見された。また、隣村のヴァローニュのある家のガレージからは、プルトニウムで汚染されたスクラップが見つかった。これは、なんらかの方法で「センター」から密かに持ち出されたものにちがいなかった。というのも、黄色地に紫の三つの三角形の公定危険マークがついていたからである。猫や鳥やモグラは、自由に原子力センターと周辺の土地の間を行き来し、毒の跡を広げていく。子どもたちは、コケモモを摘んで重病になる。原因は放射能ではないのか。調査の結果、「どういうわけでか」――というのも、地下水脈を通してかもしれないなどということは、だれにもわからなかった――センター周辺の土地全体、キノコやコケ、草、シダ類のすべてが、強く汚染されていることがわかった。地元の人たちは、ノルマンディーの牧歌的で平和な景観を恐れの眼で見ざるをえなくなった。葉にも茎にも昆虫にも気流にも、すべてのもののなかに毒があるらしい、と。

政治的には保守派が多数を占める岬の住民の間で、しだいに反対運動が起こりはじめた。「ラ・アーグの放射能汚染に反対する委員会」が結成された。パリの批判的な科学者のグループの支援のもとで、「センター」周辺の調査がおこなわれ、多くの場所で、法定許容限度の十倍、十五倍、二十倍を超える量の放射線が検出された。いつもの通り、原子力庁の代表者は、談話の形でこの結果をまずもって否定した。しかし、公証人の立ち会いのもとで繰り返された計測によって調査結果が正しいことが認められた。いたるところの壁や電柱に、よくめだつ黄色いポスターが貼られた。

一九七二〜七五年の三年間の公式統計

| | | | |
|---|---|---|---|
| ボーモン県（再処理工場隣接地域） | ガン死亡者 | 二〇三人 | （死亡者千人中） |
| シェルブール郡 | ガン死亡者 | 一八五人 | （死亡者千人中） |
| サン・ロー郡 | ガン死亡者 | 一六三人 | （死亡者千人中） |
| クタンス郡 | ガン死亡者 | 一五五人 | （死亡者千人中） |

なぜ？

## *7*

半島の人間関係もまた汚染されはじめた。直接のきっかけは、最近になって約束が破られたことだ。知事の確約に反して、さらに大規模な核施設がラ・アーグの近くに建設されることになったのだ。有名な断崖のあるフラマンヴィルの湾は、絵のように美しい地形でよく知られ、しばしば土地の画家たちにかっこうの画題とされていたが、この地が六基の原子炉からなる大発電所の建設用地に選定されたのである。

またしても住民はなんの相談も受けなかった。すべては秘密のうちに運ばれ、有力者たちの了解がとりつけられた。市長や地区代表のほとんどを裏取引によって味方にし、計画反対の票がたった一票になるまで、「市議会」対策がおこなわれたのである。しかし、きっかり四カ月後におこなわれた住民投票では、ともかく二百四十八人の有権者が計画に反対の投票をおこなった。四百二十五人がまだ賛成であった。鉱山の閉鎖で生じた失業者が、建設工事で職を得、完成後には工場で働けるという約束が、多数を獲得するのに功を奏したのである。村に一軒しかないカフェーの店主が、建設のために活発に動いた。けちで有名なこの男が急に気前がよくなり、ビール、食前酒、リンゴ酒などをふるまったりするようになった（いったいだれがその費用を払ったのだろうか）。この男のところに原発推進派、「核支持派」が出入りしていたのである。これ以来、彼らは、警戒し抗議する人たちの生活を不愉快なものにしていった。原発反対派にいやがらせをするためには、彼らはどんな小さな機会も逃さなかった。「あいつらは、私や妻や子どもたちにまで〝汚いやつ〟だの〝泥くさいやつ〟だのと悪口をあびせました」。反対運動の中心人物となっていて、気さくで勇気のある小学校の教師ディディエ・アンジェ氏は、私にこう話してくれた。「人びとはもはや互いに話しあうこともせず、ただののしりあったり、なぐりあったりするだけです。夜の闇に乗じて、私たちが〝ルル（スピッツ）〟と呼んでいる若い失業者たちが、電力会社〝フランス電力〟に建設用地を売るのをずっと拒否してきた農民に襲いかかりました。たぶん、彼らはそうして報酬を得ているのです。原子力発電所は彼らに仕事口をつくってやったというわけです」。

合法と認められていないにもかかわらず——というのも、中央発電所はまだ「公共利益にかなう」とされてはいないからである——花崗岩の地盤を調査するために、建設予定地にはすでに機械が搬入される。二百人の農民がデモをおこなってこれに抗議した。警官がデモ隊のうち三人を拉致したとき、農民は土地を占拠し、石でバリケードを築き、溝を掘った。ほぼ一カ月の間、彼らはこの「要塞」を守り通したのである。しかし、一九七七年三月八日夜明け、二百五十人以上からなる重装備の「機動隊」が現われ、正規の軍事的作戦で占拠者を追いちらした。これ以降、警備員が昼夜を問わず野原と断崖の至るところでパトロールをおこなっている。住民たちは——原子力発電所建設に賛成票を投じていた人の多くまでもが——憤慨した。「これじゃあ、戦争中の占領よりもひどいじゃないか。当時のドイツ兵のかわりに、今ではドイツ産のシェパードに立ち向かっているのだ。やつらはおそろしく獰猛で、正確に人間を襲うよう訓練されている。あのいまいましい吠え声が、いつまでも耳の中に残っている」。

地元の人たちですら、証明書なしでは、自分の畑に入ることもできなくなった。おどけ者の山羊飼いのヴィクトールは、どうしてもこれが気に入らなかった。そこで、警備員とおおっぴらにケンカを始めた。「こんなことをしてもいいという命令を、おまえたちは受けているのか」。彼は知りたかったのだが、警備員は銃の台尻でこれに答えた。彼は、当局に対して頑固に「秩序維持のための処置」の公的確認を要求し、異議を申し立てつづけ、ついに、シェルブールの知事代理のところまでたどりついた。しかし、彼がようやく達成できたものは、一片のオレンジ色の通行許可証の交付だった。彼は怒ってそれをはじめ引きさいてしまったが、思いなおして風に吹かれて飛んだ紙片をかき集め、はり合わせた。したがって彼はいま、法的にはまだ存在していない「建設現場」を通過することができる。「引っ越すことになるだろう」と彼は言っている。「こんなにしてまで、いったいだれが暮らしてゆこうというんだ」。

一時的に警察隊はまた撤退した。残ったのは、六百万立方メートルの岩を空中に吹きとばし、海へ流し込む任務を負った爆破隊である。こうして中央発電所の建設用地を手に入れようというのである。農民は一致団結し、「フランス電力」の代理人による土地の買収に対抗した。村が処分することのできる二十二ヘクタールのほかに、原発施設の経営者は、なお私有地四十ヘクタールを私有者から手に入れねばならないからである。数人の農民は高額の申し出に抵抗できず、ついに売り渡した。「変節」を家族に説明しながらはずかしさのために泣いたという話も聞かれた。「農地戦闘団」の新たな「抵抗運動家」は、約二十五ヘクタールの土地の売り渡しを拒み、防衛してきた。しかし、この土地は国により強制収用されるとの噂が流れた。

農民たちは、こうした非常事態に備えていた。彼らを支持するデモ隊が、フランス全土からフラマンヴィルにむかってぞくぞくと続いた。彼らは、人民祭や討論会を開催する一方、海岸に流れ寄ったゴミを掃除した。しかし、彼らはその間に建設用地にはりめぐらされた高い有刺鉄線前に黙って立ち並ぶことを一度も中断しなかった。何百という眼が、青い制服の工場警備員をだまってにらみ、彼らもまた同じく押しだまったまま敵意で燃える眼で彼らを見た。ときおり緊張が高まり、ヤジがとびこぜり合いが生じることもあった。あるとき、コタンタン半島の「核化」に奔走している代議士が見つかって、〝エコロジスト〟たちにつかまり、緑色のペンキを塗られるという事件が起こった。ただちに、警察の部隊が召集され、群集はたちまち追いちらされた。しかも、一再ならず犬が鎖からはなたれたのである。眠っているような、ひなびた温泉保養地であった近隣のシウヴィルに八十室ある美しい眺めをもつ高い建物が海にむかって建てられた。しかし、これはホテルではなく、警察用宿舎であった。

## 8

ルモニエ夫人は、深夜、驚いて何度もとび起き、聞き耳を立てる。原子力発電所からヨーブルへ風が運んでくるサイレンの音が、低く、鋭く、一様に続くと、安心して横になるのだった。一九七七年五月二十七日、突然サイレンが鳴り止んで以来、彼女はラ・アーグの発電所で働いている夫とその同僚のことが心配でたまらない。このとき、全従業員が大急ぎで建物から離れなければならなかった。故障で換気装置が停止したのだが、これは良くない事態の前兆だった。エアロックの故障によって、汚染区域が広がり、冷却装置の故障によって高レベルの放射能を帯びた攪拌器の温度が上昇し、核物質の爆発の危険さえも予想されたのであった。もしそうなれば、大規模な汚染が生じ、近隣のすべての住民は、ただちに強制避難させられることになろう。五月のこのときは、電気回路の故障は六分後にはもう回復した。しかし、それ以来、ラ・アーグ周辺の多くの人びとは、このつぎ事故が起こったときは、無事にはすまないだろうという不安にかられるようになったのである。

住民にとってもっとも気がかりなのは、「北西の斜面」、すなわちもっとも危険度が高く、半減期の長い放射性物質が貯蔵されている場所で、そこは他のすべての施設から約六百メートル離れている。高く、何重にもめぐらされた塀の後ろに、どっしりした方形の建物が、遠くからも見えた。この建物には危険な貨物を積んだトラックが十分通れるように大きな門があった。

ノルマンディーの「肥壺」と同様、発電所の高レベルの放射性廃棄物は百メートル以上深い地中に落とされる。廃棄物はステンレス・スチール製の貯蔵器に長期的に保管されることになっている。遠くからでも聞こえる空調のうなる音は、摂氏七百度から八百度にまで上昇することもある「高温の放射性物質」の温度上昇を防ぐために、絶えず冷却と攪拌が必要であることを示している。こうしておかなければ、放射性物質が突然鋼鉄製の監獄を融かして漏れ、たとえば、今日までまだ十分に解明されていない南ウラルでの大事故——これはおそらく、一九五七年、ソ連の軍事用の放射性廃棄物貯蔵施設で起こったらしいのだが今日まで解明されていない事故である——に匹敵する大事故につながりかねない。ソヴィエトの科学者Z・メドヴェーデフの査定によれば、南ウラルの事故では数百平方キロの地域が強く汚染されたという。当時、モスクワの分子生物学研究所の生物物理学研究室の主任で、七二年イスラエルに移住したレフ・トゥメルマンは、チェリャビンスクとスベルドロフスクの間にあるこの地域を調査団の一員として訪れた。彼はそこで、住民のいない村や壊れた家が当局によって押しつぶされて平らにならされてしまっているのを見た。これは住民たちが彼らの故郷へもどってくるのを防ぐための処置である。森も、草地も、湖も、半減期の長いセシウム137、ストロンチウム90などの放射性物質によって、強く、長期的に汚染されたために、この全域はおそらく何世代にもわたって隔離されなければならない。

「当然のことながら」一般には、この事故についてはなにも知らされていない。この国の核専門家たちすら、今日までなんら公式の報告を受けていない。あるいはすくなくとも受けていないふりをしているのである。たとえば、私が細かい点にまで立ち入ってたずねたとき、エミリャノフ教授はつぎのように答えた。「私はペトロシャンツ（ソヴィエト原子力省長官）と同じ家に住んでいましたが、彼はそれについてなにも話したことはありません」。なぜ、彼もまた知らないふりをしなければならなかったのか。エミリャノフのほうが、彼の隣人よりも、よりくわしく、より多くの情報をもっていたであろうに。つまり彼は事故当時、原子力省の長官であったし、のちに、「暴走した」再処理工場の保安に関して、不注意であったとして、処罰されるべきだと非難されているのである。

このことがきっかけで、全体主義国家が、抗議や抵抗に妨げられることなく、原発産業を運営するうえで、いかにすぐれているかが明らかになった。なぜなら、チェリャビンスクの事故に関する報道検閲はまったく完全だったからである。しかし、一箇所だけ検閲のきかない点があった。というのは、一九五八年以降、科学専門雑誌に、植物、動物、土壌および大気の放射能汚染をテーマとした、おびただしい研究が掲載されたからである。これらの報告によって、とほうもなく強い放射能汚染現象が起こった場所を、正確に帰納的に推測することができた。こうして、この大惨事についての、すくなくともこうした間接的証拠は存在するわけである。

## 9

私がラ・アーグ岬を訪れていたとき、イギリスの雑誌『ニュー・サイエンティスト』に載ったメドヴェーデフの第二の詳細な論文の紹介が、ラジオ、テレビ、新聞によってちょうど報ぜられていた。もちろん土地の人たちは自問した。「こうしたことが、われわれのところでも起こりうるのだろうか。そして半島全部を放棄しなければならなくなるようなことがあるのだろうか。半島が巨大な原子力の墓場になってしまうようなことがあるのだろうか」と。

またもやボーモン、ボボール、オードゥヴィルの住人たちはいぶかしんだ。村役場の屋根に、最近取りつけられた警報サイレンが何のためなのか。ひとたびサイレンが鳴ったら、いったいどうすればいいのか。彼らは再び、もういいかげんに強制避難計画「オルセック・ラド」について知らせてくれるよう要求した。これは、事故が起こった場合のために当局が作製したもので、住民には秘密にされていた。答えは——いつものように——沈黙だった。

ノルマンディーのこの地方特有の霧の深いある日、私は「原子力の墓場」のかなり近くまで来ていた。ここには、放射能を帯びた廃棄物のほとんどが埋葬されている。緑の草原と繁みの中でくすぶり続ける黄色い粘土質の大地の傷口には、灰色のコンクリートの容器が何百と積み上げられてできた、長方形の巨大な丘がいくつも横たわっている。これらの丘は、簡単に越えられる金網の塀で守られているだけだ。鉄柱にとりつけられた小さな線量計が外部に漏れ出る放射能を計測するはずであり、ここで特殊な物質が扱われていることを、外部のものに示す唯一のしるしだった。以前発掘したいという願いもあったが、今ではもう発掘することのできないケルト人の死者の都よりもさらに深く地中に埋められて、地下タンクは眠っている。この中には、放射性の液体が何百万リットルも貯蔵されているのだ。このタンクは、ある限られた期間しか腐蝕に耐えないことが、アメリカの経験からわかっている。タンクは絶えず検査され、定期的に空にされなければならない。それはとてつもなく困難で、煩雑で、危険な作業である。しかしそれは必要なのだ。そうしなければ、地下水が汚染されるかもしれないからである。

エミリャノフ教授は、この点に関しては、南ウラルの秘密の惨事に対する質問の場合よりよくしゃべってくれた。彼は、自国の人びとすら放射性廃棄物の問題がどう解決されるべきか、まだ知らないでいることを認めた。その例証として、彼はつぎのような出来事をあげた。ソビエトの地質学者たちは、最近ウラル地方に、新しい豊かなウラル鉱床を発見したと信じた。ところが、採掘しても期待された貴重な鉱石は現われず、出てくるのはありふれた岩石だけであった。しかし、ガイガー・カウンターは、ひきつづいて強い放射能の存在を示しつづけていた。約四十キロ離れたところに秘密の放射性廃棄物の貯蔵施設があること、そしてそこから放射能が漏れ出ていたことがあとになってもちろん明らかになった。自然の地下水脈を通じて毒がこんなにも広い範囲にわたって汚染が広がっていたのである。

液状放射性廃棄物をガラスの中に融かし込む新しい方法がある。ラ・アーグにもまた、そのようなガラス化工場が建設されるそうである。しかし、このガラスの塊が、ずっと放射線を出しつづける物質にどれほどの期間耐えられるのか、また、十年、五十年、百年後にはすでに、あるいは何千年と経ってはじめてもろくなるのか、こうしたことはだれも確実に言うことはできない。毒のつぼを埋めようとする地層の内部で、地質学的な運動がどう起こるのか、これもまただれにもわからないのだ。

「埋められたり、あるいは鋼鉄製の棺に貯蔵された廃棄物は、一時的にここに置かれているだけであって、またどこかへ運ばれるはずだ、と彼らは私たちに約束しました。でも、私はその言葉を本当には信じられないのです。危険すぎるし、むずかしすぎます。外国は、自分たちの〈排泄物〉を私たちに押しつけるために、まだまったく膨大な保管料を先払いしています。何十年間、何百年間もそうするでしょうか。それともそれらを全部、自分のところへもって帰るのでしょうか。私にはいまのところ全然わかりません」。私をこっそりラ・アーグの原子力墓場に案内してくれた青年技師はそう話した。

彼は今後の推移をまったく別な次元で考えていた。そして、私がここに翻訳するようななめらかさとはほど遠い、低く沈んだ声で躊躇しながら、とぎれがちに、彼の見通しを語ってくれたのであった。彼はこの土地を愛していた。彼はここで育った。憎むべき「ラ・アーグの魔女」で働くのをやめないのも、この土地が彼の故郷の一部だからこそである。

「ところで、ここにあとどのくらいの期間人は住めるでしょうか」と彼はたずねた。「新しいHAO（高放射性酸化物燃料）工場は、一九七六年にはたった二、三週間しか動きませんでしたが、これがひとたび動くようになれば、これだけで年間八百トンの核燃料を加工することになるはずです。八〇年にMAO（中放射性酸化物燃料）工場がこれに加わり、一九八三年ごろにはプルトニウム工場UP3Aが、八七年にはUP3Bが稼働を開始することになっています。つまり、われわれは一九九〇年ごろには約三千トンも処理しなければならないでしょう。しかも、一九九五年ごろには、〝高速増殖炉〟から出る廃棄物用の工場もできているはずです。これらすべての物質は、私たちがいままでUP2で扱ってきたものよりも数倍も有害なものです。なぜなら、その物質は、私たちのガス黒鉛炉からまだ出るものだからです。この全部からどのくらい放射能が漏れ出るか考えられますか。そこから汚染された空気が環境にどのくらいはき出され、汚染された廃水がどれほどドーバー海峡に流れ込むか想像がつきますか。ほとんどまもなく、フラマンヴィルの六つの炉も煮え返るでしょう。もうすこし南のほうに、ペシネイ－クールマンが、ウラン濃縮工場を建てようとしており、いまいましい核燃料サイクルのすべてがぎっしりと立ち並ぶことになります。そうすれば、私たちが、たちまち、神より与えられた大地のもっとも有毒な汚点になることは避けられないでしょう。すでに私たちが、そうでなければの話ですが。この空に間もなく送電線がはりめぐらされます。フラマンヴィルからシェルブール、パリへの高圧線の計画をごらんになりましたか。二、三本の線が並んでいます。四十メートルを超える高い鉄塔、風景を横切る大きな林道。私たちには、こんな電気は要りません。すべてパリへ送られるのです。〝光の都〟の動力源がこれを求めるのです」。

「私は問題を内側から知ることができました。ですから、核エネルギー産業の原料問題が、いつか満足のいく形で解決されるとは考えません。施設につぎつぎと欠陥が生じ、閉鎖して壁で囲むということは避けられないと思います。われわれの進歩の時代の輝かしい記念碑というわけです。爆発事故は決して起こってはなりません――でも、この土地はしだいに原子力荒野になっていくだろうと思います。汚染がすすみ、二、三十年後には半島の全域が密閉遮断され、失われたものとして抹殺されるにちがいありません」。

「そして、最後の一人が〝ラ・アーグの魔女〟のいる半島をあとにするのです。破壊されたこの地には、もう美しい緑の草は生えないでしょう。まるでペストの巣のように、何十年も何百年も監視されねばならないのです。監視するわれわれの子孫は、なぜ私たちがそんなことをしたのか、理解できないでしょう。そして、彼らは、私たちを憎むことになるでしょう」

# 賭ごと師たち

# 1

昔の人が危険や死をもたらすものとして考えたのは、戦争であり、病気であり、飢えであり、時折氾濫する自然であった。だが、「黙示録」のこれら四騎士に、五人目が加わった。それは産業災害である。今日、それは地震やペストの被害に劣らぬばかりか、ある点では上まわりもするほどになっている。

昔は、「神の業」とみなされていた歴史的に有名な大きな不幸のすべては、やがて忘れ去られたものであった。負わされた傷は年を経るにつれ癒えたものであった。しかし、これは、もっとも新しい人間の行為には当てはまらない。それというのも、化学工場や生物学実験所、原子力発電所における事故や災害は、事情によってはたんなる一時的な災害以上のものを引き起こすからである。その影響はずっとのちの世代がこうむらねばならないことになろう。こうした災害は現在を破壊するだけでなく、未来をも破壊するのである。したがって、人間によって引き起こされたこの種の災害がかきたてる不安や恐怖もまた、以前考えられていたよりもはるかに深刻なものである。

このような現象に私が初めて出会ったのは、一九五七年に広島を訪れたときのことであった。「被爆者たち」――アメリカの原子爆弾投下によって初めて大量に放出された、生命を破壊する放射線の雨のなかを生き延びた人びとがそう呼ばれている――が私に説明してくれたところによれば、彼らは、結局、深く傷ついた彼ら自身の生命のことを嘆くというより、彼らのあとに生まれ、おそらくより以上に「あの日」の惨劇によって重荷を負わされている恐れのある生命のほうを嘆いているということであった。彼らは、彼らの子孫とその子らの暗い未来を考えるとたとえようもない重苦しい気持になるというのである。

それ以来、私は確信するようになった。子孫の生存の希望が損われること、彼らの健康をめぐる不安は深刻な精神的負担を表現しており、核分裂の次元は生命感情の根本的な変化をこの世に初めてもたらしたことを物語っているのである。私が一九六五年にパリで、エール大学に勤務するアメリカ人精神医学者ロバート・ジェイ・リフトンを知るまで、長い間このような見解をともにする人を見出すことはなかった。彼は私よりやや遅く広島に行き、そこで被爆者と親しくなり、七十五人の原子力災害の生存者たちと会い、深層心理学的な分析をおこなったのであった。そこで明らかになったことは、これらの人びとが身体的に深く傷ついているだけでなく、心理的にも深い痛手を負っているということである。原子爆弾は、彼らの不死への信仰、子孫のなかで生きつづけるという彼らの希望を根底的に動揺させたのである。

だが、核エネルギーの利用が精神に及ぼす影響についての科学的研究に私がたどりつくまでには、それからほぼ十年の歳月を経なければならなかった。同じアメリカ人であるフィリップ・

D・パーナーは、著書『核エネルギー論争の心理学的展望』を、国際原子力機関（IAEA、ウィーン）と国際応用システム研究所（IIASA、ラクセンブルク＝ウィーン近郊）の共同研究として出版した。この研究の結論は、核エネルギーの推進者たちによって宣伝されている見解、すなわち核エネルギーに対する住民の不安は客観的には真面目に理由づけられないとする見解といちじるしく対立するものである。広島の「被爆者たち」に関するリフトンの著作は精神分析の古典的な作品とみなされるにいたっているが、彼の思想を継承しつつ、パーナーは説明する。「私がここで明らかにしようとすることは、原子力発電所は、程度においても質においても、われわれがこれまで知ることも想像することもできなかった、直接的で象徴的な死の脅威として受けとられているということである。それは、個人が自分の生命や自らの実存や将来の意味についてもっている観念を大きな負担の犠牲にする。そのような精神的抑圧の結果、個人だけでなく社会の創造的な力までがことごとく損われる恐れがあるのだ」。

## 2

私は親交を得て、この人の経験についてより正確なところを是非知りたいと思った。だが彼はウィーンでの職場を突然離れてしまった。彼がどこに滞在しているのか、だれも教えてくれなかった。危険性研究の分野でいっしょに著作を発表した彼の協力者の一人、H・J・オトウェイ博士がほのめかしたところによれば、パーナーの身になにが起こったかは彼のもっとも親しい友人ですら知らないだろうということであった。カリフォルニアに住む彼の母親の住所はわかっているとしても、彼女は息子の滞在地についてなにも教えられないであろうし、知らせたいとも思わないであろう。失踪者のもう一人の協力者が、納得のいく説明をしてくれた。「フィリップが彼の研究によって証明したことはすべて、彼にこの研究を委託した者たちの思惑にまったくかなわなかったのです。彼らの思惑からすると、彼は市民たちの心理的負担がとるにたりず、根拠のないものであり、すべての技術的進歩に対する時代遅れの迷信的恐怖でしかないものとして退けてくれるはずだったのでしょう。しかし、パーナーの研究は慎重さと懐疑を勧めるものでした。それが示したことは、原子力の導入は鉄道の敷設と単純に比較されるわけにはいかず、この導入にあたってはより深刻な、より正当な抵抗が考慮されなければならないということでした。慣例に反して、彼の契約は更新されませんでした。このことを彼は気にしておりました。批判的であるという唯一の理由をもって、彼の周到な見解が受け入れられなかったことが、彼をとりわけ狼狽させたのです」。

とりわけヴォルフ・ヘーフェレ博士（IIASA、ラクセンブルク）によって、パーナーの認識は、核エネルギーを主体としたエネルギーの未来の宣伝を妨害する厄介な異論と受けとられたにちがいない。ヘーフェレは最初十二年間カールスルーエ原子力センター（KFK）で働いており、専門家の間においても、ますます懐疑的となりつつある市民の間でも、もっとも魅惑的だがもっとも危険でもある原子炉、「高速増殖炉」の導入を倦むことなく主張する「鼓吹者」として知られている。だが、彼はいくつかの誤った予測をしてしまった。彼は、一九六九年にためらうドイツ連邦政府のまえで、彼が強く推奨したカルカールのSNR300「増殖炉」はまもなく稼働しはじめるとの見解を披瀝したのだが、実際には、それは一九八三年まではほとんど実現しえないことだったのである。

六〇年代の初めに計画への政府の融資をとりつけるため、ヘーフェレはコストを「たったの」一億六千五百万マルクと計算した。同じ六〇年代の終わりに、彼はそれをもう五億マルクと見積もった。だが、それらはなお四倍から六倍、すくなくとも二十～三十億マルクに見積もられることになろう。このようなスキャンダラスな計算違いのために、ドイツの指導的な科学記者K・ルドツィンスキーは、『フランクフルター・アルゲマイネ・ツァイトゥンク』紙上でナトリウム原子炉の推進派のやり方を「賭」だとして弾劾するにいたった。

ヘーフェレは、予言者としてはまったく役不足であったが、この否定的な宣告にたじろぐこともなく、(人びとが問題を知らないか、知らないふりをしている)ラクセンブルクでますます大胆な未来像を語りはじめた。彼は、シュヴァーベンの牧師の息子として生まれ、その師C・F・フォン・ヴァイツゼッカーのすぐれた弟子で、一考するに値する人物である。というのは、彼は、技術的巨大目標の提起者であり推進者として冷淡でしかも影響力をもつという新しいタイプの人物像をとくにはっきりと体現しているからである。このタイプの人物は、自然科学に力を与えた、かつての寛容で、謙虚で、責任感あふれた研究者ではなくて、商品としての科学を扱う企業家であり経営者であって、国家と経済界を彼らの冒険的な巨大計画に籠絡することを得意とする者たちなのである。それゆえ、彼らはおそらく「力のある支配勢力」への親近性ももっており、そうした勢力と、彼らは共通の権力追求という目的によって結合されていて、その精力的で権威的な行動を模倣しようとしているのである。

ヘーフェレが弁舌をふるい、彼の「地球的規模の戦略」を開陳するとき、彼の協力者たちは感激もあらわに傾聴しなければならない。反論は許されないのだ。「高速増殖炉」をオーストリア領アルプス氷河の辺縁地帯に建設しなければならないことをこの指揮者が宣伝していようと、「新しい技術と新しい社会構造が共生をはじめる」中央集権的に組織された世界国家の夢を語っていようとである。

## 3

このはなばなしい未来においては、余剰エネルギーはもはやキロワットやメガワット単位で測られるのではなく、ギガワットやテラワットで測られることになろうが、すべての型の原子炉のうちでもっとも危険な「高速増殖炉」——それが危険であるというのは、とりわけ大量のプルトニウムを生産するからである——が主要な役割を演ずる。ヘーフェレほどに、あの「プルトニウム世界」の悪夢を準備することに努めた原子物理学者はヨーロッパにはいない。その見通しそのものに関しては、イギリス人サー・ブライアン・フラワーズや「水爆の父」と称されるエドワード・テラーといった核エネルギーの忠実な信奉者に負っているとしても……。この人物の熱狂的信念、精力、係累、とりわけ他人を熱狂させる能力が、すべての型の原子炉のなかでもっとも危険なものを採用する決定を、フランス人、イタリア人、オランダ人やベルギー人とともに、ヨーロッパ大陸全体に浸透させることに成功したのだ。

原子力の設計者と大伽藍の建設者とのヘーフェレお気に入りの比較、この危険な巨大技術のなかにわれわれの時代の天才が記録されるのだという、彼の高揚する確信は——長広舌を再三聞かされた人が私に打ち明けてくれたところによれば——「われわれ科学者をへべれけに酔わせてしまったのです。今日新しい指導者が早く出世しようと思うならば、彼はおそらく同じように語らなければならないでしょう。技術的進歩プラス神話的な使命観を」。そして、ヘーフェレは、自らのカリスマ性についても心得ている。ロックム修道院でおこなわれた千年祭で彼は演説し、プロテスタント聖職者の指導者がこれに聴き入ったのだが、あとで彼が自慢して言うには、「彼らは感激のあまりひれ伏した」のであった。

増殖炉技術、およびその技術的未熟さとそこから生じる社会的帰結が、原則的には原子力の発展を擁護する人びとの間ですらためらいを呼び起こしているという事実は、ヘーフェレも否定することのできないところである。だが、そのようなためらいに対して、彼は、人はいま一度冒険的に生きなければならないと力をこめて主張する。このような金言を用いて、彼は、たとえば、新しい技術的施設は操業開始に先立ってまず試運転を経て、その信頼度を検査するという、従来のやり方をゆゆしくも放棄してしまうことを支持するのである。たとえば「高速増殖炉」といった巨大技術システムは、全体として実験的に試すことは不可能だ、と彼は素人に教える。その個々の部分ならばテストできるというわけである。

技術的革新の不文律をこのように廃止しようとするのは、残念なことにヘーフェレだけではない。注意深く外界から遮断されたうえで、まえもって起こりうる故障の検査が全体にわたってなされていないかぎり、いかなる装置も開発担当者は手離してはならないというのが、従来の原則であった。だが、今日、新しい原子炉が、人の住む地帯のまっただ中で、しかも複雑な巨大システムの無数の部品がどのように作用しあうのかもわからず、テストもされることなしに、危険を冒して運転されるのである。したがって、周辺の居住地区はこれまでもっとも危険だとされている技術の実験場となっているのだ。

原子炉システムの全体を実際に試運転するかわりに、コンピュータによる模擬テストが用いられる。そのさい、貯蔵されたプログラムには核施設の一つひとつの部分が数学的記号で示されており、その相互作用が仮定の事故によって妨害されるようになっているのである。このようなやり方で、実際の故障の起こりうる経過についてより正確に知ることができると考えられている。

バークリーのカリフォルニア大学で教鞭をとっている数学者ケイト・ミラーは原子力規制委員会（NRC）のおこなったこの種のテストに立ち合った人物だが、もちろん経験にもとづいて、この方法の信頼性についてきわめて懐疑的な意見を表明した。一九七六年五月十二日、彼は、CBS放送局のインタビューのなかで、「原子力規制委員会」によって用いられたコンピュータ・プログラムは「問題の複雑さには決して適当ではない」と説明した。その成果は、「およそ明日の天気予報と同じくらい信頼できるものです。しかし、私は翌日の天気予報にもとづいて生命の危険を冒そうとは思いません」とつけ加えた。

しかしながら、ヴォルフ・ヘーフェレは、この種の疑惑はいっこうに気にかけない。彼はそのような冒険を「ある種の必要経費」としてがまんする気でいるのだ。たしかに、「除去しえない危険」はつねにある。だが、それは核エネルギーのもたらす「非常に大きい利益」によって正当化されるのだ、と彼は告げたのである。

このような途方もない危険哲学を、ヘーフェレはなおかつ大いなる自信をもって語る。そのうえ彼はたくみであった。世界教会協議会は、原子力開発、とりわけ「高速増殖炉」に対していつもは懐疑的であるのに、協議会発行の討論冊子『原子力に挑む』には、他人の生命と健康で賭をするという彼の大胆な告白が取り上げられたのである。ヘーフェレは言う。われわれははっきりと自覚していなければならない。人類は文明の一段階に到達したのだ。この段階では、人類は未来への決定を総じて仮説にもとづいて下しうるにすぎない。その仮説は、なるほど高度の確からしさをもっているとしても、まえもって論理的に論証されることはできない。未知の世界に踏み込むにあたって、原子力産業に先駆者の役割が与えられているということを、彼は力をこめて繰り返し強調するのである。

## 4

当初は根拠が薄弱でも、のちに初めて実験的に確証されるような推定を考えだし発展させる方法は、現代の研究にとってまったく典型的なことである。このような「発見的方法」がしばしば豊かなものとなったことも否定できない。この方法に現代の多くの知識や発明が負っているのである。だが、原子力ほど危険で影響の大きい企てが問題となることはいまだかつてなかった。だが、この種の大胆な先取りによって、最近数十年間にしばしば成果があげられ、多くの研究者や技術者の自信は大いに高められたので、彼らは、いまや大胆さをむこうみずと混同しがちであり、破局的結果をもたらすかもしれない危険を冒すことに不感症になっている。

このようなむこうみずで投機的な研究様式は、第二次大戦中の軍事研究所で生まれ、まず軍事上の巨大目標について試みられた。アメリカ軍部の「思考工場（シンク・ファクトリー）」は、何億という犠牲者をともなう核戦争といった道徳的・倫理的には考えられない問題をいささいかまわず取り扱い、冷戦時代の間に「考えられないことを考えること」（ハーマン・カーンはそう定式化した）を常態化したのち、それを「想定できる」ことにまでした。

そうしたコンピュータ遊びに興じる研究者や専門家たちは、全民族の抹殺や地域全体の荒廃を「計算に入れる」戦略を試したのだ。彼らは、科学的につくりあげられた、新しい世代の賭ごと師の出現を準備したのである。この連中は、自分たちの将来の姿がどれほど非人間的であるかということなど自分ではほとんど気にかけない。無数の人びとの生命をもって賭をするこの連中は、「冷静な計算家」として、なにをするにも、最悪のことを避けるためにのみ行動しているように装いたがる。だが、彼らはもはや軍隊の参謀部にのみ席を占めているのではなく、久しい以前から、国家や産業の市民的な企画部のなかに「決定の準備者」として入り込んでいるのである。

彼らの研究や企画や紹介は、非軍事的領域においても、そのことにもっともかかわりのある人びとの参加なしにおこなわれる。というのも、この人びとは、戦時の兵士とまったく同様に、まず相談を受けることはないからである。たいていは遅きに失するのだが、市民がエリート企画者の見解や指図に反対でもすれば、逃亡兵とされることはないにしても、「啓蒙の足りない」もの、「賭の妨害者」とみなされる。これらの人々には勇気と市民感覚が欠如しているため、計画されたみごとな未来を「損う」ことなど決して許されない、というのである。

計画の政治的代表者はどうであろうか。これらの議員たちが初めから民間戦略家の「高度の専門的知識」に屈服しないならば、彼らは政府や産業に忠実な専門家たちによって無知なものとされることとなる。このような間接的手段で、「権力者たち」は、批判的な議員たちの異論を「まったく正しくない」ものとして無視するか、彼らの「大いなる夢」にちょっとした改良を施すだけですますことができるのである。

ヴォルフ・ヘーフェレは、「机上作戦演習」の方法と、そこから生ずる技術を民間で幅広く応用することをはっきりと告白していた。この点では、彼の師であるカール・フリードリッヒ・フォン・ヴァイツゼッカーの影響があったかもしれない。私が五〇年代の中ごろ、ゲッティンゲンでヴァイツゼッカーと面識を得たとき、彼が暇つぶしに楽しむ「盤上戦争ゲーム」についてすぐさま説明しはじめたのを、私はまだよく記憶している。そのとき彼は、居間で赤や青や緑の記号のついた大きな参謀部用の地図を広げ、想像上の戦闘をくりひろげたのち、想像上の勝利を祝ったのである。

ヘーフェレはさらに、独自の奇妙な言葉を発明して流行させ、不安定な基盤におけるこのような方法に学問的な装いを与えようとすらした。その言葉は「ハイポセカリティー（hypothecality）」というもので、冒険的な推定による賭を疑惑から守り、合理的な計算にみせかけようとするものである。

彼は、一九七六年三月に、日本の原子力産業の代表者たちの前で講演をし、「人はどのようにして未知の事柄とつき合うべきか」とたずねた。彼の答えは、残存危険物は、既知の自然的、人為的な他の危険物といっしょに地中深く埋められればよい、というものであった。

「地中深く埋める」というのはどういうことか。それは、原子力産業のもたらす比類のない災害を、すでに熟知されている危険と同一視し、それをとるに足らないとはいわないまでも、通常の危険に見せかけようとすることにほかならない。

だが、原子炉の放射線漏れといった原子力災害は、ガス・タンクの爆発や、ダムの決壊とは比較にならない。これまでは、技術が引き起こした被災現場ではどこでも、まもなく草が繁ったものである。災害の傷は、深くとも、ふさがり癒合したものである。原子力による大破局のあとには、このようなことはありえないであろう。したがって、原子力発電所から漏れ出た放射線が人間と環境にもたらす結果は長期にわたって猛威をふるい、広い範囲にわたって検出されつづけるということを忘れさせ隠蔽するとすれば、それは無責任なことであり、世論を欺くものである。このように「未来の次元」を侵害し、傷つけることは、原子力と起こりうる災害の客観的評価に対して、決定的な意味をもつ。だが、これまでのどんな通念も及ばない結果をもたらすこの無法技術を通常の技術に引きつけて論じるならば、こうした侵害と災害も消し去られることになる。ほとんど際限のない危険が、程度の知れた危険と一緒くたにされ、許しがたい仕方であたかも無害であるかのように装われるのである。

そのうえ、このような欺瞞は、巧妙なやり方で隠蔽されたうえで、社会に示される。生命に危険を及ぼす放射線の影響は、複雑で広範囲にわたるにもかかわらず、数字や曲線や数式を駆使してまったく許しがたい手口で単純化される。そのさい、推量が確実で厳密な科学的認識とされることが余りにも多い。

学識の名によるこうした無害化の一例を、国際放射線防護委員会（ＩＣＲＰ）が提供している。原子力発電所から環境に放出される放射能の許容限界値を、委員会が決定したときのことである。だが、委員会は世論にはこのことを慎重に秘密にした。彼らによって確定された「限界値」のもとで問題だったのは、危害と利益の間の暫定的な妥協でしかなく、この数値は疑問の余地なく無害なものとして認識された放射線量では決してないのである。

## 5

この研究は、客観的であると自称しながら、実際は研究者の価値観や偏見、依存関係によって本質的に規定されたものにほかならない。こうした研究の典型は、アメリカの原子力委員会の委託でつくられた『原子炉安全性研究』（ＲＳＳ）である。「マサチューセッツ工科大学」のノーマン・ラスムッセン教授を企画指導者とし、同氏の名を冠した報告書として周知のものとなっている。それは、起こりうる原子炉災害の頻度と結果を相当低く見積もっているために、出版以来、原子力信奉者たちから標準的著作として称賛され、その計算は信頼しうるものだとされている。ヘーフェレ教授もまた、それを「標準的な災害研究」の模範として引用している。

だが、専門家の間では「ラスムッセン研究」は鋭い批判をあびている。たとえば、アメリカの物理学者の団体である「アメリカ物理学会」は、この研究がとくに規模を誇り、巨額な費用を費やしているにもかかわらず、多くの誤った査定と計算違いを含むことを示した。

この報告の成立の経緯をたどれば、実際には、それが大規模な懐柔策の核心をなすものであることがわかる。「原子力委員会」がこうした企てをしなければならなかった裏には、六〇年代の終りに、アメリカの原子力計画を計画通りに続行し、大々的に拡大することは市民に対して危険すぎはしないかとの懸念が、世論と議会の間に広がり始めていたことがある。ブルックヘブンの国立研究所のある研究において、この点をめぐる議論は火を噴いた。その研究においては、想定される原子炉事故がはじめから終わりまで演じられたのだが、予想される死者と放射能汚染者の数値はまったく暗いものであったのである。

それから数年間というもの、原子力委員会と原子力産業界はこの結果を柔らげようと躍起となり、新たな徹底した研究を誓った。だが、極秘裏におこなわれた予備的研究によってすでに、ブルックヘブンの研究は簡単には論駁されないことが示された。反対に、最近の予測はよりいっそう否定的であるという結果がでた。こういうわけで、表向きには、そもそも新たな研究がなされるということはさしあたり否定されることとなった。——これはうまい手ではあったが、数年後には事実が暴かれるのである。

七〇年代に「原子力委員会」はあらためて混乱に陥った。原子炉の緊急冷却装置が作動しない場合を想定した別の重大な研究においても、委員会がその意向に添って懸命に操作しようとしていたことが明らかになったのである。議会の公聴会のさいには、委員会の示唆によって批判者たちは遠ざけられ、「好意的な証人」のみが招かれた――これら証人たちには事前に綿密な指示が与えられ、政治家たちの質問にどう答えればよいかが教えられたのである。のちに公開された「進軍命令」の第十項には、「いかなる場合にも公の政策に反対してはならない」とあった。

あらゆる疑念をあらかじめ払拭するために、今度は、新たな研究をスタートするにあたっては完全に「独立した研究」が提供されるであろうとのコメントが流された。だが、実際にはそのような計画はないことが、「憂慮する科学者同盟」の調査によって明らかにされた。この批判的な科学者のグループが利用したのは、七〇年代の初めに施行された「情報活動の自由」法であった。この法律では、アメリカ市民であればだれでも、国家機密にかかわることでないかぎり、官庁の活動を調査することが許される。そうして、彼らは研究の成立をめぐる正確な事情を知ることができたのである。彼らが原子力委員会の通信文のなかで発見したものは、たとえば関係者に対するつぎのような指示であった――「われわれがまえもって確定した結論を支持しない事実」は決して発見されてはならない。また、つぎのような指示も見出された――「結果が信頼を得られるかどうかあらかじめ知ることはできない」ので、原子炉建造にあたっての安全性規定の検査をとりやめたほうがいいと思われる。

研究を委託するに際してラスムッセン教授を指導者に選んだということからして、客観的な研究結果は委託者からまったく求められていなかったということを、本当は当初からだれもが理解しなければならなかったのであろう。ラスムッセン教授は原子炉研究の専門領域にはほとんど精通していないにもかかわらず、原子力委員会に名乗り出た人物で、出馬の理由はおそらく、何年かまえに原子力産業の別の部門で高給の鑑定人として働いていたということによる。特徴的なことに、この事実は、ジャーナリズムに送られたラスムッセンの経歴紹介のなかではじめから省略されていたのだ。

ラスムッセンと彼の協力者が根拠とする資料は、決して客観的なものではありえなかった。すなわち――彼らが認めなければならなかったように――彼らがもっぱら頼りとしたのは、原子炉の建設と運転に関係した私企業の報告書でしかなかったからである。したがって、ラスムッセン研究班――研究を準備する書翰のなかでそう呼ばれている――に渡されたデータは、当然のことながら、まったく「原子力産業の利益」に応えるものでしかなかった。

## 6

科学者は独立したものでもなく、他から影響を受けない存在でもないという認識は、今日すでに一般的となっている。にもかかわらず、原子力産業の推進派は、相も変わらず、自らの知見と良心にのみ義務を負うとの「客観的専門家」の伝説を喧伝しようとしている。彼らの狙いは、進めようとしている極めて危険な計画があたかも厳密に考え抜かれ、最高の責任をもつ精神によって担われているという体裁を迷える一般大衆に見せようというところにある。古（いにしえ）の支配者たちは、彼らの行為と汚点を正当化するため王権神授説（ゴッテスグナーデントゥム）を唱えたが、それにかえて、われわれの時代の権力者は専門家照覧説（エクスペルテングナーデントゥム）を登場させた。

ところで、原子力のよりいっそうの開発がもたらすだろう危険を責任をもって判定しようとするとき、もっとも重大な危険の一つと思われるのは、不遜にも安全でないものを安全だと言い張る者たちが、しばしば自ら意志し、自らの使命感にもとづいておこなっていることである。そのさい、彼らはいつも経済的利益や機関への依存によってのみ導かれているというわけでは決してない。とりわけ原子力研究や原子力技術においては、この研究分野の歴史から説明されるように、個人的な動機もまたしばしば働いているのである。だからこそ、正直かつ善良な人びとでさえ、ある開発の代弁者となるということが理解される。彼らにしても、そうした開発をときおり不吉なものとして認識するが、にもかかわらず「いっさいの希望に背いて希望しつつ」、結局はまた推進に血道をあげるのである。

私は以前から、個人的に知っている三人の重要な研究者をこの部類に入れたいと思う。それは、ハンス・ベーテ、アルフィン・W・ヴァインベルク、ヴィクトール・F・ヴァイスコップである。

彼らは最良の年代と最良の着想を、原子爆弾と原子力に通じるあの研究に捧げたのである。彼らは、自分たちが恐るべき殺戮兵器の製造に協力したことについて、ほとんどの他の同僚たち以上に重い責任を感じている。そして今日、それだけいっそう、核エネルギーに幸福を期待することによって、自己の良心と世界のまえで、自己を正当化したいと望んでいるのである。だからといって、しばしば推進派によって主張されるように、こういった願望があったればこそ原子力利用をめぐる問題の「客観的評価」が期待できるというのは正しくない。一生の仕事と自尊心と希望がどうなるかは、とにかく、これら悲劇的な立場におかれた大科学者たちにとって、「核の賭」が良い結果に終わるかどうかにかかっているのだ。

このことがとりわけはっきりしたのは、ヴァインベルクの発言においてであった。オークリッジの核開発研究所で長年指導的地位にあった彼は、大戦後、他の科学者たちが躊躇するのを尻目に「平和的な核エネルギー」の急速な開発を喧伝した。そのさい彼は、同僚たちに先がけて、「研究所の原子」が「巨大産業における原子」へと飛躍するには、多くの未解決の問題が課せられているであろうと予見した。この予見によって、彼は原子力研究者が人類に申し出た「ファウストの契約」を最初に口にした人となった。だが、重大な危険をはらみながらも「ほとんど無尽蔵であるエネルギー源」の代価として彼らが要求しなければならないことは、今後の世代がこれまで達成されたこともない社会制度の安定を何千年にもわたって継続しなければならないということである。というのも、そうでなければ、その危険な「贈り物」に要求される安全性が守られないからだ。

それゆえヴァインベルクは、この比較のなかで、自分がメフィスト、悪魔的誘惑者のように思われた。だが、結局、彼はこの役に気分よくおさまっていることはできないようにみえる。というのも、一九七三年にラクセンブルクの討論の折に彼が述べたところによると、彼が知っているドラマの版では、ファウストが悪魔とでなく、神と仕事の話をつけることになっているからだ。

これが冗談であることは明らかだ。だが、このエピソードは、先頭に立つ専門科学者の精神状態についてきわめて特徴的な事実を示している。程度の差はあれ、科学者のほとんどすべてが——たとえ彼ら自身は決して告白することはないにしても——神を演ずることができる（あるいは演じなければならない！）という観念にとりつかれているのである。

ポーランドのすぐれた数学者スタンレイ・ウラムは——大戦後、研究都市ロス・アラモスにおいて、「モンテ・カルロ理論」を彼独特の方法で応用することによって、水素爆弾の製造可能性に決定的な理論的貢献をした人であるが——私はかつてこの点について詳細に彼と話をすることができた。彼は、自伝のなかで、原子力研究者がもつ、神にも比すべき権力感情の作用を書こうとしたのである。彼の見るところでは、絶滅兵器の発明と製造に携わった者たちは、彼らの研究が世界史的意義をもつことができるという認識によって、「まったく傲慢になって」いるのである。

第二次大戦中の原子爆弾やV２ロケットの製造には、科学技術者の精鋭チームが携わったが、彼らによって初めて大規模に遂行された巨大研究は、もはや認識のための認識を求めるものではなく、厳しく限定された生産目標によって規定を受けていた。そして、そうした巨大研究の企てによって、すでにみられたように、携わる者の性格が変わってしまうだけでなく、科学的な営為全体の性格が変わるのである。一人の研究者（あるいは一つの研究グループですら）が彼の研究計画によって世に出るのは、研究成果が示された上でのことというのは、ほとんど例外的にまだ可能であるにすぎない。今日、研究をおこなおうとすれば、少なからぬ資金と高価な装置が必要である。そして、こうしたものは個人のものではなく、なんらかの機関に属する。したがって研究者は、自分の研究が意味のあるものであり、成功の見込みのあるものだということを、ある委員会に信じ込ませるように努めなければならない。計画の段階ですでに、彼は、本来ならばまだ決して予測されえない結果を正当化しなければならない。申請が採用されれば、その後彼は絶えず成果をあげることを期待されることになる。こうなった以上誤りを告白することは非常に困難であり、それどころか場合によっては不可能である。こうして新しいタイプの科学者が生まれるのである。彼らは、研究というすべての営為のもっとも重要な特性である懐疑の義務を負うことはもはやなく、思惑とその確証を義務とする。経営者や高級官吏や世論の持続的な支持を確保するために、彼は楽観論を述べ、行動力を発揮しなければならず、なによりも彼の――おそらく完全に間違った――最初の考え方に固執しなければならない。ベルンヘア・フォン・ブラウンは、いわゆる「プロジェクト活動（スウィンギング）」のノウハウに精通していた。なんといっても、彼は幸運であった。

というのも、彼の空想的な計画は最終的に成功によって飾られていたからである。

「原子炉研究においては、企画熱の診察室はとくにあふれるほど花盛りです」と、この世界をよく知っている人が私に打ち明けてくれた。彼が嘆くには、根拠が薄弱であるにもかかわらず、何百万という計画が資金提供者に「売れ行き」がよいとの見込みから着手されているが、対象をより厳密に研究するうちに、計画が支持しえないものであることが示されることもしばしばだ、というのである。

「しかし、あなたは、関係者の一人でもこのことを認めると思いますか」と彼は続けた。「決してそんなことはないのです。そんなことをすれば、資金の流れを涸渇させてしまいかねないでしょう。そのうえ、そのような自己批判は、同僚の間では〝仲間の顔に泥を塗る〟こととみなされるのです。あるものがまったく機能しえないか、また機能しないことがしばしば知られているのに、よりいっそう手がくわえられるケースが少なくないのは、こうした理由によるのです。その結果、まもなくもう一つの〝計画の屍〟ができることになるでしょう。またしてもご立派な企画が。当初約束されたことが、たいへん残念なことに、守られなくなったのです」。

「具体的な例をあげることができますか」と私は切り込んだ。「もちろんです。たとえば、カルカールにおける〝高速増殖炉〟をめぐるドイツの計画がそれです。これは、底のない樽のようなものです。計画はすでに何十回も〝改良〟されました。ところが、どの部分ももはや他の部分にまったく合わなくなったのです」。「で、あなたは施設の危険をどのくらいに見積もりますか」。

「その点についてては私はなにも言いたくありません」と彼は答えた。「しかし、ご存知のように、この部門は、映画産業や製薬業界と同様に、もうほとんど狂ってしまっているのです。ついでに言えば、この比較は私が始めたのではなく、マルチェッティによるものです」。「マルチェッティとはいったいだれのことですか」。「ラクセンブルクにおけるヘーフェレのもっとも親密な協力者です」。

# 7

チェザレ・マルチェッティはピサ出身の物理学者で、ラクセンブルクにおけるエネルギー問題に携わる研究スタッフの一員である。彼が空想力において、どんなシナリオ作家にもひけをとらないということは疑うべくもない。原子力産業を市民の目から遠ざけることによって、危険性の問題を「消滅」させようという彼の構想は、そのことを雄弁に示している。

原子力問題において彼が主張する「コロンブスの卵」は、すべての「高速増殖炉」や再処理施設、核廃棄物貯蔵庫を「社会領域」、すなわち人間社会が占める全領域から、広大な大洋へと追放することである。この地球的規模の最初のエネルギー・センターに当てる候補地も、彼はすでに発見していた。二〇〇〇年ごろには、西経一七一度、赤道よりやや南に位置する太平洋上の島カントンに、それは生まれることになっている。礁湖には、長さ二百五十メートル、幅四十メートルの巨大な運搬船が同時に五隻まで停泊することになろう。その上には、さる工業国で製造され海路運ばれてきた「原子炉」や「再処理施設」が設置されている。緑青色の水底に輝く砂とさんご礁に、玄武岩と花崗岩の層に達する数キロの穴があけられ、その中を、ガラスの球に溶かし込まれた放射性残存物のカプセルが沈められるのである。マルチェッティの言うところによれば、摂氏千度ほどにも達している「容器」は、ほぼ二・五キロの深さから岩石を融かしながら五千メートルの深さにまで達するであろう。「容器」が沈降したあと岩は再び固まり、災害は永久に「封じ込められる」ことになる、とこの思考実験の発案者は推測するのである。

ここから全世界に送られるエネルギーは、電流ではなく、液体水素であろう。それは、カントン島で海水の加水分解によってつくりだされる。この工程は、今日ではまだ実用化されるにはいたっていないが、計画が実現されるまでには開発されるはずである。こうして得られたエネルギー負荷体は、少なくとも三十万トンの積載能力をもった巨大な特殊タンカーによって、諸工業国の海岸に送られ、そこから特殊な給液所とパイプラインを通って、さらに遠方へ運ばれていくのである。全体は決して涸れることのない油田にたとえられる、とマルチェッティの上司であるヘーフェレはかつて語ったことがある。

この着想は、数個の原子力施設を「核集積所」に集中し、困難な運搬問題を解消し、遮断を容易にするというものであるが、原子力施設のための立地獲得が困難となればなるほど、「核社会」はいっそうこの着想の実現をめざすこととなろう。そのような巨大なエネルギー施設を天然の、あるいは人工の島に安全に設置することができれば、ある工場から他の工場に輸送するさいに起こる恐れのある災害や襲撃に対して、核燃料を首尾よく守るためのより良い解決策も与えられることになるとされる。ウランの濃縮から利用を経て再処理、再利用、廃棄にいたる全核燃料サイクルは、この巨大な原子力基地の中でおこなわれることになろう。地球のこの地点における熱放射は気象にどのような影響を与えることになろうか。この原子力島で事故が起こったらどうなるであろうか。一個の原子力施設における惨事よりもさらに大規模なものとならざるをえないのではないだろうか。きわめて危険で隔離された仕事に従事する要員（一島でおよそ千人くらい）が十分得られるだろうか。厳しく隔絶され配置されることによって、幾人かが、さらには全員が狂ってしまうということにならないだろうか。世界のエネルギー需要の圧倒的な部分が、五から十個の島嶼発電所で生産されるという事実から、どのような政治的な結果が生ずるであろうか。それらを管理するのは、マルチェッティがほのめかすような多国籍企業であろうか、あるいは国際機構であろうか。参加国が互いに争いを始めれば、いかなる事態が生ずるだろうか。

これらの問いは、SF作家が考えだしたものではなく、ラクセンブルクやパロ・アルト、エルランゲンやモスクワの「シンクタンク」において、今日真剣に論じられている問題であり「シナリオ」なのである。その議論のなかでおびただしく用いられるのは、「確実な」と「不確実な」の間の区別をする小さな目立たない単語である。すなわち「まもなく」「おおよそ」「準備されて」「ほとんど」「めったにありえない」「わずかな率にいたるまで」「見込みのある」などが多用されるのだ。きわめて多くの「……の場合には」が同じ数の「だが」とつり合っている。それらは、時局の風によって揺らいでやまない不確実な仮説からなる倒れかかった塔のようなものである。

## *8*

原子力研究者たちは、ルーレットに未来を賭けて臆することのない連中であるが、彼らの仲間のなかでだれよりもさきに紹介すべき一人の研究者がいる。彼は、最後に問題となるのはおもしろい方程式や人騒がせな新しい技術的設計ではなく、人間であり、民衆であり、歴史的な決断なのだということを繰り返し思い起こさせる。この人物とは、またもやアルフィン・ヴァインベルクである。彼はかつてオークリッジ国立先端研究所（ＯＲＮＬ）の所長をしていたことがあり、七十を超えた、いまでは「悪くない核時代」の計画を練る研究機関の指導者である。一九七七年五月に国際原子力機関の二十周年記念にあたって、彼は同僚たちの前で記念講演をしたが、それが終わったとき、聴衆たちはかつてなかった当惑の表情を見せていた。聴衆たちは、原子力に支配された将来世界の夢に酔うことができるだろうと期待してやってきたのだが、たったいま彼らの仲間の一人から聴かされた予測は、にわかに同意できないほどの危惧を感じさせるものであったからである。

ヴァインベルクがまず聴衆にむかって強調したことは、産業のこれまでの成果と急速な発展が低く評価され、相変わらず「原子力が孤立した小さなもの」とみなされているということであった。だが、実際には原子力が、「もっとも重要なエネルギー源となることはほとんど確かで」あろう。二〇五〇年にはすでに、世界の全エネルギーの四分の三が「高速増殖炉」で生産されると予言できる。おそらくこの時代には、五千メガワットの発電能力をもつ原子炉が全部で五千基存在し、今日のエネルギー量の九倍を生産することができるであろう、とヴァインベルクは予言した。

だが、そこで大きな「だがしかし」が発せられた。炉心溶融という最大事故の確率を一基につき二万年に一回と計算したラスムッセン報告の事故率をもとにするならば、五千基の原子炉があれば「四年に一回」は事故が起こることになる。

この暗い予測が語られたとき、はっきりと聞きとれるつぶやきが会場に流れた。そこでヴァインベルクは自分の言葉の効果を柔らげようとして、なだめるようにつけ加えた。「このような〝溶融〟の多くは、発電所の外部にはほとんど被害を及ぼさないでしょう」。そのうえ、その頃までには、事故の確率は減少しているということを「公正に」仮定できるというのだ。そして、最後に下した彼の予言はまったく冷笑的と言うべきものであった。「世間は放射線をなにか秘密にみちた特別なものとはみなさなくなり、他にもある生命の危険の一部と受けとるようになるでありましょう」。

核施設の危険性と安全性についての論議の発展を追うという骨の折れる作業をしている人ならば、なるほどヴァインベルクが自ら発した警告を後になって柔らげようと苦心するのを理解することができよう。だれが好きこのんで永年の戦友と仲たがいしようと思うだろうか。だが、戦友といえどもヴァインベルクの言うことに多くの信頼を寄せることはできないだろう。というのも、原子力産業の施設が時とともにより安全になるという確信は、実際は、経験が積み重ねられるにつれ減少しこそすれ、増加することはなかったからである。小規模の実験用施設から大規模な技術的施設へと移行するさい、つねに多くの故障がともなうことを、人びとが考慮に入れたとしてもなんの不思議もない。それにしても、予期されなかった「事故」の数の増大は異常である。その理由の一つを、材料物理学者コーソーンとフルトンがすでに一九六六年に発見した。彼らが証明したところによれば、原子炉容器と配管に用いられている金属は、核分裂過程で放出される高速中性子の衝撃を受けて変質する。用いられた材料のなかに空隙や微細な結晶状の空洞ができ、それが膨張や弛緩や亀裂を引き起こすのである。たとえば、パイプの溶接箇所に十〜十五パーセントの割合で生じる変質がなにを意味するかは、容易に想像がつく。これをさらに予防するためには、安全策として危険な箇所に注意深く「袖口」がかぶせられる。だが、そのような靴直しに類することは「成熟した技術」を特色づけるものでは決してないのである。

原子力技術の「健康状態」の吟味は——一時的にではあれ——専門的対話を可能にする。たとえば、一九七六年十月の第一週に、シカゴで国際会議が開かれ、「高速増殖炉」の技術について論議が交わされた。二百を超す発表がなされたが、その四分の三以上がその時事故の問題に寄せられていた！　一九七五年、ケルンにある原子炉安全性研究所（ＩＲＳ）の年次会議の後、『原子力経済』誌上のつぎの記事がとりわけ私の眼をひいた。「故障に対する最大の弱さを示したのは、おきまりの部分、とくにタービンや回転ポンプ、蒸気発生器などである。だがまた、原子炉圧力容器に取りつけられている機器、制御棒接合管、制御棒駆動装置の損傷、ならびに原子炉機器の取りつけの際の障害も考慮すべきである。……破損の第二の部類は、通称〝火災〟と呼ばれうる。西側では最近十年間に、一連の施設で火災が発生し、それがかなり長期にわたる休止状態を引き起こしたのである」。

ところが、ラスムッセン報告の最初の版のなかでは、まさしくドイツの会議で重大視されたケーブル火災が原子炉の事故に本質的な役割を演じているということが除外されていた。この暫定版が現われてまもなく、アメリカのブラウンズ・フェリー原子力発電所の配電器の中で火災が起きた。それは修理に携わる電気工の電磁点火栓が原因で起こったもので、危険性の研究ではかつて予見されたことのない種類のものであった。この予知されなかった出来事のために、ラスムッセン研究は修正されなければならなかった。最大の事故に通じる危険率はブラウンズ・フェリーの経験の後で五分の一ほど高められた。だが、このような修正も重大な欠陥を含んでいた。それは、相変わらずあまりにも楽観的であったからである。そのため、グルノーブル大学のグループは、ラスムッセンによって研究された型の原子炉の事故率は、このようなケーブル火災によるだけでも「ラスムッセン研究によって算定された全危険率の三倍から八倍も高い」ことを確認するにいたったのである。

従来公表されていなかった原子力システムの「弱点」について、アルフィン・ヴァインベルクはもちろん熟知している。だからこそ彼は「衝撃的な記念講演」のなかで警告したのである。「われわれの企ての未来は、われわれがなんらかの方法で、これら困難な条件――炉心溶融や原爆材料の拡散を意味する増殖――に譲歩することなく完全に対決できる原子力システムをどうにか構想することができるか否かにかかっているのです」。

とりわけヴァインベルクが投げかけた問いは、核エネルギーを未来において受け入れられるものとするには、どのような技術的、制度的「調整」(補助手段)が必要かというものであった。社会的な処置によって事故を防止するというテーマに対して、彼は、一種の核「聖職者」を招聘するというあまねく知られることになった提言によって貢献した。注意深く選ばれたメンバーは、何百年、何千年の間、すべての技術のなかでもっとも危険な技術に対する責任を負うべきものとされているのである。模範的なエリートたちならば、すべての安全策がつねにもっとも厳しく守られるよう監視するにちがいない。このような「幹部」ないし「階級」は、原子力の安全性が未来に対してもつ宿命的な意義に関して高い権威を要求しうるであろう、というのである。

# 9

原子力推進派は彼らのいちかばちかの大賭博で、最後の勝利を得るために多くの危険を冒す気でいるが、それらのうちアルフィン・ヴァインベルクによって提言された新しいエリートという「制度的方策」ほど危険なものはない。それは、原子力賭博者とその援助者が民主主義を新しい階級秩序のために犠牲にする覚悟でいること、彼らが既存の不正な権力関係を安全性という動機から永続化したがっていることを含んでいる。それだけでなく、この考え方の背後には、危険な装置の要求するとおり「確か」で、意志なしで働く機械部品と同じように感情がなく、注意深く、信頼でき、飽きることがなく、意のままになる「人間類型」をつくりだすことができるだろうという思想があるのだ。

もちろん、この考え方はまったく新しいというわけではない。われわれは、多くの科学者の思想のなかで、それがすこしまえからすでに構想されているのをみることができる。研究が人間以外の自然をかつて考えられなかった規模でつらぬき、それを意のままにできるものとしたあとで、今世紀初頭から、それはまた、人間と人間社会のもっとも内なる本質を認識し支配しようとしているのである。物質的世界を利用可能にした生産技術が自然科学の果実であったとすれば、いまや、人間科学の果実としての心理操作技術や社会操作技術が人間改造の能力をもったものとして配置されているのだ。

人類へのエネルギー供給の大部分を原子力に依存させようという企てのなかで、今後、自然支配と人間支配の二つの流れは合流することとなろう。原子力産業の技術者や経営者は、課せられた技術的問題の一部分をかろうじて克服したばかりである。だが、彼らは、最終的には無数の技術的難題をほとんどすべて克服できるだろうと信じている。今日すでに、この問題に関して独自の安全性研究がおこなわれている。もちろん、それは著しい出費増を招くので、産業はそれに抵抗しはじめているほどである。

だが、すべての（あるいはほとんどすべての）装置がついに非難の余地なく（あるいはほとんど非難の余地なく）機能するようになった場合ですら、原子力の予言者や計画者の賭けのなかには、相変わらず計算できない最後の不安が残るのである。それは「人間因子」である。彼らはそれを将来においてもおそらく「掌握する」ことはできないであろう。つまり、彼らが調教をなしとげ、創造的でつねに自由と決定への参加を求める人間を、完全に予見可能で、全面的に操作でき、確実に意のままにできる「ホモ・アトミクス」にまで訓練するのでなければである。

この恐るべき展望を目の当たりにして、私は、心理学者フィリップ・D・パーナーがなぜ、昔の同僚ともはや会おうとしないかがなんとなくわかる。彼は恐らく自分の学問の悪用に加担したくないのであろう。それに対して賭ごと師たちは報復する。彼らは彼を賭の妨害者とみなすだけでなく、たとえばアルフィン・ヴァインベルクが私の問いに対して言ったように、「彼はまったく正しいというわけではないのです」とほのめかしたのである。なんというお世辞がこの口から出たことであろうか！

# ホモ・アトミクス

# 1

一九七五年十一月二十五日、バイエルンの村ラウインゲンで、機械工の親方オットー・フーバーとヨーゼフ・ツィーゲルミュラーは、密閉された鉛の柩に納められて埋葬された。彼らの葬式には、身内の者のほかに、田舎の墓地ではめったに見ることのない都会風の服装の人びとが参列していた。したがって、問題は、報道関係者のほかにバイエルン州の開発・環境省の役人およびグントレンミンゲンの原子力発電所の職員に関わることであった。彼らは、西ドイツの原子力施設における事故の最初の犠牲者の葬儀に参列するために来ていたのである。

それより六日前の十一月十九日のことだった。三十四歳のフーバーと彼より十一歳年上で、すでに十年来グントレンミンゲン原子力発電所に雇われていた同僚は、午前十時すこしまえに原子炉建屋のゲートを通過した。彼らは漏れが確認されていたW6弁で、いわゆる「パッキン箱」を修理することになっていた。彼らは、昇降口を通ってかなり小さな、天井の低い第一ポンプ室へ通じるはしごを降りていった。そこで、隔離弁の欠陥が見つかっていたのである。二人には、放射線防護員のオットーが同行した。彼は、線量が高まっているおそれもあるので、用心のため、計測器ですべての配管を検査した。

十時三十分に、昇降口のすぐ前で、フーバーはもう一度コントロール室に電話連絡した。W6

弁は締まっているはずだが、現場で念のため手で締め直すように指示された。

十時四十二分、放射線防護員はにぶい衝撃音を聞いた。昇降口から高温の蒸気が漏れ出した。二、三秒後、ヨーゼフ・ツィーゲルミュラーの頭が隙間に現われた。しかし、彼の動転した声は、噴水のように湧き出る蒸気の音でかき消された。重傷を負ったツィーゲルミュラーはラウインゲンの病院に運ばれ、そこからただちにヘリコプターでルードヴィクスハーフェンに面した火傷専門の病院へ送られた。翌朝彼は重傷のためそこで息をひきとった。彼の同僚フーバーは、摂氏二百八十五度で、しかもわずかに放射能を帯びた蒸気によって即死していた。

二人の遺体は特別な予防措置を施され、ミュンヘンにあるシュヴァービンガー病院の特殊病棟に移された。というのも、遺体の放射能汚染をなんとかしなければならなかったからである。遺体は、州の環境保護局の放射線防護専門官の監督のもとで、洗浄され、解剖された。この専門官の報告によれば、測定結果はつぎのようなものである。「最初の死者（フーバー）の胴体には、洗浄前には一時間当たり五～二十ミリレム、首には百二十ミリレムの放射線を検出。……ツィーゲルミュラー氏の胴体の放射能汚染はかなり低い」。課長ヴォッヒンガー氏署名の報告は、つぎのようにつけ加えている。「放射線量が少ないという理由で、第一の遺体は一九七五年十一月二十一日に、第二の遺体は二十二日に、それぞれ、バイエルン州環境保護局から埋葬を許可された」。

この報告（書類番号6341a″-V1/2-37494ii）における無味乾燥な役人言葉の背後には、責任者たちの安堵の念が認められる。事故直後に約五十倍にまで高まった安全タンク内部のヨウ素およびエーロゾルの放射能もそれほど高いというわけではなかったし、重大な結果を招きかねない事故の拡大を阻止するはずの安全装置は、非難の余地なく機能した、というのである。

それでもやはり、この事故は容易ならぬ運転上の欠陥を暴露するものだった。その後、事故の厳密な調査がおこなわれ、議会レベルで若干の論争が持ち上がった。というのも、内務省の次官ハルトコプフ博士の見解によれば、「安全性の諸規定を遵守していれば、事故は避けられたであろう」からである。実際、機械工たちは――彼らの直属の上司シュテンツェルの指示に反して――「パッキン箱のパッキン押えを、ゆるめるかわりに、完全にはずしてしまったのである」。シュテンツェルの二番目の指示、「まだ水が出るかどうか、パッキン箱の排水管をのぞき窓で検査し、作業を始めるまえにもう一度コントロール室に連絡せよ」という指示も、彼らは守らなかった。

しかし、こののぞき窓は、修理されるべき部屋には取りつけられておらず、もう一階下の部屋にあったのである。作業員たちは、この補足的手順をあまりに骨の折れる、よけいなことと考えたらしい。一方、放射線防護員オットーも義務を怠っていた。彼は、この煩わしい検査過程を絶対におこなわせるべきであったのに、それをしなかったのである。その上、システム全体――事故当時、依然として六十六気圧にあった――の減圧がなぜ遅れたのか、修理の日の朝やっと圧力が下げられることになったのはなぜか、という問いも出された。もっと早く下げられていたなら、五百から八百リットルの放射性蒸気が漏出することはなく、漏出ももっと少なくて済んだにちがいない。この手ぬかりを後からもバイエルン州環境省の責任者の一人が非難したが、彼は弁解しつつ言った。「圧力を下げるには、何日もかかるのです」。

## *2*

ケルンにある原子炉安全協会のN・ホフマイスターは、個々の原子炉で、年に平均して二十五から五十件の事故が起きていると推測している。そして、最近運転されはじめたばかりの原子炉では、この数字がただちに破られることになるだろう、と彼は考えている。

そのうえ、ボンにある内務省の職員、ベルクとフェヒナーの語るところによれば、「これまでに起きた事故は、しばしば、〝人為的ミス〟に原因があった」のである。また、原子炉安全協会の研究報告（一九七六年九月）は、つぎのように述べている。「わけても重大なのは、運転員の過失行為が、〝ありふれた（コモンモード）（すなわちシステムから来る）〟潜在的故障原因をなしているということである。それには、測定のミス、調整のミス、不完全な修理、不十分な監視、不完全なテスト等々があげられる」。「過ちは人為的である」――欠陥についてのこのわかりきった告白が、原子力発電ほどに危険度の高い産業においても、まだ受け入れられて長くはないのである。

カリフォルニア大学の人類生態学の教授ギャレット・ハーディンは、この「誤りやすさという因子」こそ、あらゆる産業における危険、とくに原子力産業における危険度の判定に際して決定的に重要であることに注意している。

というのも、核燃料サイクルにおいて、「誤りやすい」人間が関係しないような部分はまったく存在しないからである。

人間が、地下から放射性鉱石を採掘する。

人間が、それをウラン濃縮工場へ輸送する。

人間が、それを濃縮加工する。

人間が、そこで得られた放射性濃縮物質を燃料棒工場へ輸送する。

人間が、そこから、放射性原子炉用燃料を製造する。

人間が、この燃料を原子炉へ輸送する。

人間が、原子炉を操作し、管理する。

人間が、使用された燃料を取り除く。

人間が、それを再処理工場へ輸送する。

人間が、再処理をおこなう。

人間が、再び得られた燃料を新たに加工する。

人間が、放射性廃棄物を管理する。

人間が、廃棄物を「処理する」、すなわち、廃棄物を埋める、あるいは沈める。

人間が、長い間この廃棄物を監視する。

十六の主要段階のおのおのに、あらゆる過失を犯す可能性のある――そして、経験が示すように――ある確実な割合で犯すであろう人間が関与しているのである。アルフィン・ヴァインベルクが必要とみなす「技術エリート」の模範とされる大航空会社のパイロットたちでさえ、ときに失敗することもある。テネリッファにおける二機のジャンボ機の衝突のさいに、およそ八百の人命がこの犠牲となった。原子力関係の事故の場合には、犠牲者は何千という数になり、しかも長期的影響が何百年も続くことになるかもしれないのである。

原子力産業は、したがって、可能なかぎりの手段を用いて、疲労、無関心、不注意、あるいはまさに未知の状況に直面したさいの混乱から生ずるにちがいない驚くほど多くの操業過失をできるだけ減らす、さらには、まったくなくすように努力しなければならない。

アメリカ航空宇宙局（NASA）は、人為的過失の撲滅のためのプログラムを開発している。それは、徹底的である点で、安全性の専門家たちによって、長い間、模範的なものとみなされており、また原発推進派からは、希望を抱かせる例として、しばしば引用されるものである。しかし、それにもかかわらず、アポロ13号の打ち上げは、ほとんど破局的な大惨事をもって終わったかもしれないのである。というのも、打ち上げ前の地上点検のさいに、一人ないし数人の検査係に重大な手ぬかりがあったからである。また、ケープ・ケネディにおける訓練中に生じたアポロ・カプセル204の火災は、三人の宇宙飛行士の生命を奪うというより悲惨な結果をもたらした。

災禍のあと大規模におこなわれた公開調査は、この事故が、カプセル組み立てのさいの思い違い、可燃性合成繊維を使用した乗務員室の危険な内張り、粗雑なケーブル敷設、さらには十二以上の過失あるいは不注意によるものであると断定した。

宇宙飛行プロジェクトにかかわる作業員全員の人となりが、雇用のまえに十分検査されていたにもかかわらず、アメリカ下院の調査委員会は、多くの不履行の罪を摘発した。立案から技術的計画の実行、地上点検の実施にいたるまで、プロジェクトのほとんどすべての面で、人為的過失が突きとめられた。これらの過失は、関係者のストレスが大きすぎることや諸規定への不注意に帰せられねばならなかった。さらに困難を増したのは、とくに高い安全性を求めるあまり、さまざまな課題が多くの特殊部門に分割されていたため、担当者たちが十分な相互了解を得るにいたらないことがしばしばあったし、その必要がないと考えられていたことである。

さまざまな国の労働問題の研究者によって、増加する産業事故に関するこの種の、あるいは他の何千という「報告」が集められ、懸念が喚起されているにもかかわらず、原子力産業にかかわる楽観主義者たちは、選りすぐられた専門労働者が誤りを犯すことはまれにしかないか、まったくないだろうと、依然として信じているのである。

彼らは、技術システムに必要不可欠な人間を「人材（ライブウェア）」と呼び、それによって装置（ハードウェア）や操作プログラム（ソフトウェア）と言葉のうえで同類化しているが、その完璧さをなによりもより良い選択によって高めることを望んでいる。「原子力発電所の運転のさいの人間の機能の探究と分析」という表題をもつドイツのある研究では、「原子力発電所の交替作業員の客観的資格基準と性格上の適性基準が立てられるかどうか、立てられるとしたらそれはどのようなものか」が探究されている。結論として、何よりも「一義的な適格性」の確立、そして「信頼に足る一義的な客観的適正検査」の実施がなお要望されている。専門的によく訓練されているだけでなく、「その専門知識を正しく運用できるための、健全な身体的状態、とくに心理状態にある」エリートを養成することが望まれているのである。とくに、「事故のさいに思慮を失わないこと」が肝要とされている。

## 3

ところで、各国の原子力産業の人事課が実施している数多くのテスト方法がいかなるものかは、原子力産業の最高の秘密の一つである。ただ、個人的な発言によって、つぎのような事実——二、三の国々では否定されている——がいままでに証明されているにすぎない。それは、この部門では原子力産業の新規雇用にさいして、決まって警察が関与するという事実である。たとえば、ハイデルベルクにある原子力発電所の修理作業をおこなっているAG発電会社の従業員O・ベルナースは、一九七五年、「原子炉安全協会」のある専門部会の討議において、以下のような情勢に注意を促した。「原子力発電所の経営者にとって、将来の人員調達に新たな問題が生じている。

とくに、現在の人的収容力は将来さらに低減する。というのも、安全性を確保するため、作業員が警察、あるいは憲法擁護局によって再検査されねばならないからである。再検査の間隔はおよそ五～十年とすべきである。外国人作業員は、それによってかなり整理されざるをえないだろう。ほとんどの外国人労働者は、ドイツにそう長くはいないからである」。

この発言では、原子力産業における人員選択のための国家的監視機関の介入が、当然のこととして受け入れられているだけでなく、この問題がすでに、この産業の下請け会社を煩わせはじめているという事実が関心をひく。どのような形であれ――たんなる部品供給、あるいはサービス提供によるにせよ――「核エネルギー」経済複合体に関与しているかぎり、この種の調査を何千という企業とその人員が甘受せねばならないのである。ということは、たとえば西ドイツ政府の過激派取締令による今日の調査よりも比較にならないほど多くの人間が、検査されるであろうということを意味している。公務員になりたての者のみならず、労働者や従業員も、政治的立場に関する厳格な調査を受けなければならないのである。

たとえば、今日すでに、西ドイツの原子力発電所の建設に従事している建設労働者たちは、イデオロギーに関する厳格な調査を受けている。作業員になりすましたテロリストたちが、壁のどこかに時限爆弾を仕掛けたとの警告にもとづいて、すでに高く築かれた原子炉建屋の壁を取り壊し、コンクリートの土台をノミで穿たねばならなかった――その結果はただ、誤報に翻弄されて

| グループ | 特　徴 | 措　置 |
|---|---|---|
| 喫煙者 | 頻繁な疾患，神経過敏 | 面接による観察 |
| 同性愛者 | 教員，人事部長のような一定の地位に対する不適格性，無能力 | 心理テスト，探偵の委託，推薦状 |
| 重度身体障害者 | 後の解雇申し入れのさいの困難さ，障害者に対する一般的偏見 | 観察，インタビュー，納税通知書 |
| 「偽」宗教者あるいは無信仰者 | 特定の信仰告白<br>地域的，局地的関心に対する反感 | 納税通知書，インタビュー，心理テスト |
| 「偽りの」出身地あるいは訛り | 他の環境での接触が困難であると想定される | 電話インタビュー，面談 |
| 婦人 | 指導力のなさが想定される<br>妊娠している可能性<br>一般的偏見 | 観察 |
| 外国人 | 信頼度が低いと想定される<br>顧客への偏見 | 履歴書，インタビュー |
| 左翼組織のメンバー | 平穏な作業に対する妨害が予想される，煽動 | 心理テスト<br>探偵の介入 |
| ベルリン自由大学とブレーメン大学の一定の専門学科の卒業生 | マルクス主義者と想定される鍛鉄工幹部の出身 | 卒業証明書<br>経歴分析 |
| 国際経営学校の卒業生 | 比較的小規模な事業に対してあまりに傲慢であると想定される | 卒業証明書<br>経歴分析 |
| 独身男性 | 堅実でないと想定される | 経歴分析 |
| 離婚者 | 信頼度が低いと想定される | 経歴分析 |

『週刊経済』1977年３月４日号（デュッセルドルフ）より。

いたことがわかったにすぎなかった——とき以来、これはおこなわれているのである。「こうした人間を事前の調査でいっそう厳密にできていれば、こうした金のかかる妨害は成功しなかったはずだ」と、ある「原発推進者」は私に対して予防調査の必要を理由づけた。政治的立場の審査を別にしても、事情によってはより徹底した調査に利用しうる多くの個人情報がこの種の人物調査書類によって保存される。というのも、原子力産業にとっては、「不審な見解」を検査するだけでは不十分だからである。無条件に信頼できる人間を物色するには、「だらしのない生活態度」やたんなる「反抗的な性格」といったことにまで調査の眼がむけられることになるだろう。

六〇年代から七〇年代の初めにかけて、行政機関と経済界で、人物テストの実施が増加し、批判もされてきたが、そうした批判は、西ドイツでは無力化しはじめている。アメリカであれば、こうしたスパイもどきの活動は禁止されるにちがいない。失業が増大し、職場を与えねばならない人びとに対して、人間の品位を汚すような実に様々な検査方法をさらに適用したり、もしかするといっそう厳格な審査をおこなうようになる。そのような検査方法は、応募者が雇用された場合に引き受けねばならないであろう責任の大きさによって、正当化されているのである。グレッツ経済顧問が雑誌『週刊経済』の委託でおこなった個人企業に関する調査が示しているとおり——今日すでに就業志願者たちは、前ページに掲載された表が説明しているような判断ないし先入見にもとづいて選別されているのである。企業の首脳部がとくに注意を払おうとする部門のいたるところ、とりわけ、原子力部門およびそれと共同作業をおこなっている他のすべての生産部門において、これに類した、あるいは、いっそう厳しい基準が、採用されていることであろう。そこでは、「信頼度の高い者」とされる特定の人間類型を見つけ出すために、とりわけ厳格な選択がおこなわれていることは確かだろう。それはまた、仕事が高い危険性をもつということによって、志願者自身も受け入れるべきものと思うようになるだろう。そして、彼は自発的にそれに従うことになるかもしれない。それ以来、彼にとって「検査」は生活規則になろう。

彼は自ら、恒常的な検査に従う一方、仕事を通じて、自分のなすこと、自分が取り扱う装置、素材、そして付きあう同僚をいたるところで検査しなければならない。

順応し、適合し、服従し、そしてこのような行動様式を周囲のもの、つまり極度に危険な人間 - 機械システムに広げていくような性格や気質が、そのような企業の要請のもとで好まれるようになることは、ほとんど避けられないであろう。しかし、義務づけられるべき調査が遅かれ早かれ恣意的なものとわかってしまうような他の領域とはちがって、原子力産業では、圧倒的な強制力が正当化のために利用される。不従順あるいは不注意によって引き起こされる大惨事の危険性が、これを正当化するのである。テクノクラートたちは、こうして自らが非常事態に備えるべく調達された遂行機関であるかのように装うことができる。しかし、このような状況は、そもそも彼らが初めてつくりだしたものなのである。

# 4

しかしながら、大多数の人びとは、このように厳格で「客観的な適性検査」を通過できないであろうから、急速な拡大を目論んでいる原子力産業は困難な状況に直面しているようにみえる。今日でさえ、「人材」が不足しているのである。そのうえさらに、非常に多くの危険をともなう事業に対して社会的批判が急激に高まることによって、昨日までは相当大きかった就業志願者の流入はかなり減少しているのである。

「スウェーデンのアセア原子炉会社が、十年前に募集広告を新聞に載せた時は、何百という問い合わせが殺到したものです。今日では、たいてい一つか二つにすぎません」と、ハンネス・アルフヴェン教授は私に語った。彼は危険性を完全に自覚して考えを根本的に変える以前は、スウェーデンの原子力発電の開発に指導的に関与していたのである。ユーリッヒ原子力研究所（KFA）の指導者であり、「ヨーロッパ原子力学会」の会長であるK・H・ベクルツ博士は、つぎのように私を非難することによって、この傾向を確証してくれた。「反原発派はすでにひとつのことをなしとげたのです。あなたたちは、私たちの仕事へ若者が興味を示すことを阻害しているのです。たとえば私の息子は、いま他の分野の職業を捜しています。彼は、父のようにつねに批判され、そのうえ誹謗もされる気は毛頭ないのです」。

核エネルギー推進派は、人員問題をロボット化とオートメーション化の拡大によって緩和したいと長い間望んできた。強い放射線地帯に、たとえばH・クラインヴェヒター（レールラッハ）によって開発されたロボット「シュンテルマン」のような、「擬人的機械」が配置されるべきだというだけではなく、原子力の「人間‐機械複合システム」においては、「人間という因子（ファクトール・メルシュ）」の整理がより多くの場所でおこなわれるべきだというのである。

同様な試みは、アメリカですでに、いわゆる「電子戦場」に関してなされていた。これは、電子監視装置が供給するデータの解析から、コンピュータの指令によって発進する無人爆撃機や誘導ミサイルにいたるまで、兵器システムをオートメーション化することを目的としていた。しかし、これらに関する経験は非常に否定的であったから、原子力施設にその種の解決策を用いることは、ますますもって疑わしく思われるのである。現存の危険性が、それによってさらに増大することさえありうる。というのも、このような自律的システムの制御あるいは操作はいっそう困難であろうと思われるからである。そのうえ、この精密な電子装置はとりわけ故障しやすいという事情が加わる。一九七三年ウィンズケール再処理工場で起こった重大な事故の調査のさいに、自動警報装置の――聞き漏らすことなどありえない――警報信号に注意が払われていなかったということが非難された。事故のまえの何カ月かの間に、故障によってしばしば警報が誤って鳴っていたので、実際の危急の場合に、もはや警報に注意が払われなかったというのがその説明である。

こうして結局、「機能的に弱点をもちながらも、しかし代替できない人間」に立ち戻らざるをえなくなる。だが、原発作業員の被曝線量が年々不可避的に増大し、そしてしばしば——公表されないままに——許容量の限界を超えている現実から、恒常的に「新しい血」が求められねばならない。西ドイツにおいては、浮浪者収容所の住人が放射線をあびる作業に雇用されていたことも二、三あった。アメリカでは、仕事のない有色人種たちが、街頭から連れ去られることがしばしばあった。

しかしまた——二〇一〇年までのプロジェクトが示しているように——比較的短時間ならば高レベルの放射線を帯びる環境で作業することができるとしても、そのころには原子力装置が千倍にも増加しているであろうから、このような短時間の場合でも「放射線の餌食（シュトラーレン・フッター）」の予備軍もますます不足することになる。「光を消さないために」、ある日、成人したすべての市民に対して義務が課せられるようになるのだろうか。

人間の細胞の放射線抵抗力を高める薬剤が——すでに着手されているという話だが——調合されうるのだろうか。あるいは、経営者がこれまで公表してきたとおり、原子力産業の従業員の被曝線量——今日すでに他の全市民の許容量の十倍にもなる——についての国際的に合意された限界値を、彼らの目論見どおり変更することができるのであろうか。それによれば、原子炉で働く作業員や「汚染された」部屋でプルトニウムを調合する者は、現在の規準の三十パーセントから百パーセントも多い放射線に「耐え」なければならないのである。あるいはまた、遺伝子研究の助けを借りて、放射線耐性の点でなお「改良されて」いない現在の人間よりも、さらに多量の放射線に耐えうる人種をつくりだすことができるとでもいうのであろうか。このことはすでに論議の対象ともなっている。

また、感覚を刺激し、気分を変化させ、厄介な体験（たとえば事故）を忘れさせるような薬剤が製薬会社の実験室ですでに開発されているわけだが、原子力産業が必然的に招来する作業状況においてこのようなものを用いようとする試みへの抵抗は存在するのであろうか。

これらすべては、いまのところまったくありそうもないことのように思われる。もし、実験室と開発室で、多数の尊敬すべき専門家とならんで、良心のない人間たちがますます多く仕事に従事するようになるのでなければ、このような可能性を黙って見過ごすこともできるだろう。著名な神経生物学者、行動学者や生化学者たちが、アメリカの諜報機関から、何百万という金額を受けとって人間の頭脳を意のままに操ることができるように改造し、犯罪や自己損傷的行為さえさせようとしているのである。そのようなときに、自分たちの目的のために利用できる「ホモ・アトミクス」を原子力の未来においてめざす狂信的推進派の思惑を、単純に馬鹿げたことあるいは冒瀆として片づけるべきではないであろう。それは恐るべき思惑なのであり、世論がすみやかに察知し、抵抗するのでなければ、その現実化は阻止できないのである。

## 5

まさしくこの「世論という因子」が、「原子力協会」をますます狼狽させている。それゆえ、それはいま、この予想しうる妨害を厳しく探索し、それを無力化することにとりかかっている。市民から原子力施設を防衛することは、すくなくとも原子力推進派にとっては、原子力施設から市民を防衛することと同じくらい重要なことなのである。「信頼できるホモ・アトミクス」を、操業のために召集するばかりでなく、何百万という市民に核エネルギーを「受容」させようとする努力には、購買動機調査と宣伝のためのおきまりの技術がすべて含まれている。そればかりか、新しい深層社会心理学的研究も委託されている。これによって、産業と国家の宣伝活動に何百万ドル、何百万ポンド、何百万フラン、何百万マルク、何百万スイス・フラン、何百万グルデン、何百万クローネ、そして何百万リラという巨額がそそぎ込まれたにもかかわらず、多くの市民の理解を得られなかった理由がわかるというのである。宣伝のための通例の出費より徹底的でより多くの効果を長期にわたって約束する戦術ないし戦略が、もしかしてあるのだろうか。

この課題は、推進派にとってはきわめて重要なものになっていると思われる。一九七七年の「国際原子力会議」において、三つの大きな催しが「原子力と世論」というテーマで開かれたほどである。そのさい、この会議の編成にはすでに欠点が現われていた。すなわち、またもや、世論がこのような宿命的な問題においてどのように禁治産者の扱いをされるか、が示されたのであった。というのも、ザルツブルクの会議センターの、もっとも大きな、しかし半ば空席の会場でおこなわれた二つの重要な講演と討論に一般市民はだれも招かれていなかったのである。建物はカービン銃を持った警官によって警備され、「一般市民」、主婦、生徒、学生はだれひとり入ることが許されなかった。新聞とラジオの報道関係者たちは、傍聴することを許されただけで、質問や発言は禁じられていた。世界各国における原子力の現状をめぐる議論については、まったく一方的な原子力推進派の報告しかなされず、それを正すために、あるジャーナリストが発言を求めたとき、即座に彼の言葉は遮られた。彼は、黙って自分の腕を、会議の終わりまでずっと高く挙げつづけた。原子力専門家たちが、彼らのほとんど知らない報道というテーマについて一方的に話を進める時、彼には言うべきことがあっても——一般市民と同様——沈黙を強いられることを示すためである。

しかしながら、あらゆる弁解と断言にもかかわらず、明らかになったことがある。それは、スイス人の講演者ツァンゲン博士の言葉を借りれば、二、三年前には「ただ大いに楽しみにして」見守った、核エネルギーに対する市民の抵抗が、この間、原子力委員会と原子力産業が重大な関心を寄せざるをえない懸念事にまで成長してきているということである。

核エネルギー・プログラムを推進している国はどこでも、宣伝に異例な費用をつぎ込み、おとなしい市民を「啓蒙」しようとしているにもかかわらずである。西ドイツの原子炉会社クラフト・ベルク・ユニオン社（KWU）は――理事長のクラウス・バルトヘルトの陳述によれば――「十万部の印刷物」を配布した。「その印刷されたページを、ピッタリとつぎつぎに横に並べようとすれば、その長さは、千五百キロにも達するであろう。したがって、ローマ・ベルリン間の距離に匹敵する長さである」。これは、一九七七年一月の社内新聞で、彼が、「KWUは沈黙するのか」という非難に対して自己弁護して言ったものである。

KWUは断じて黙っていない。そして、電気需給計画も同様である。それは、教師、医師、技師たちを、その車につなぎ、引かせようとしている。とくに、児童たちに対して競争を好んでもちかけている。「これからひとつ未来の世界へ行ってみよう。……そこになにがあるだろう。人工太陽によっていつも快晴？　コンベアの動く歩道？　完全自動の台所？　電気自動車？　ビデオ・レコーダーによる勉強？」未来の顧客を発掘するのに早すぎるということはない！

ここには危険、危難のいかなる徴候もない。危険があるとの噂は――バルトヘルト氏、ボァトゥー氏、フェルドマン氏が沈痛な面持ちで遺憾の念を表明するように――「センセーショナルな事件の報告」のなせるわざであり、「錯綜した感情」と「根拠のない不安」を許容する「まったくの無知」に起因するのである。

地球上のどの国においても、核エネルギーの実質的な拡充が開始される前に、一般大衆が早目に広く客観的な情報を与えられたことはないし、彼らの意見の発表を請われたこともない。市民にとって重要な決定は、当時は政治家、実業家、そして彼らのもとにある科学的鑑定人の小さなサークル内の内密な議論においてなされていた。大衆は――そもそもあるとしたら――提供された問題のはなやかな面のみを見せられていたのである。

批判が起こり始めて、遅れが取り戻される。もちろん、「上」から与えられた指示は、きわめて一面的である。「フランス電力」は、その「情報チーム」を小さな村々にまで派遣している。プライベートな電話によってさえ、彼らは、その知見によって市民に影響力を及ぼそうとしている。原子力産業の従業員たちは、親しみのある口頭宣伝につとめる義務を負っているのである。ボンの科学技術省は、全国的規模での「市民との対話」を始めている。そこで、国民は、各省の次官、教授、そしてときには大臣といったお偉方から彼らの意見を聞くことができる。「アメリカ原子力協会」は、もっとも巧妙な宣伝方法としてテレビスポットを業者に委託し、放送時間を何百万ドルという金で買っているのである。

広島と長崎の被害で原子力の恐怖がもっとも深く定着している日本においては、国立の原子力機関によって公開討論が最初予告されるが、その後改めて中止される。それは、住民の憤激を懸念しているからである。しかしそれでも住民は文書で質問することができる。言うことを聞かない市町村は、スポーツ施設、病院、新しい学校のための特別交付金によって買収される。フィリピンでは、原子力委員会が上映する映画を見ることが、農民、漁民、猟師の義務となっている。新聞やラジオは罰則の威嚇の下に完全に啓蒙作戦に奉仕しなければならない。

いろいろな国の国立の原子力機関と原子力産業の情報ないし広報関係者の団体として、

「善の(パワー・フォー・グッド)ための力」と称する独特の国際的団体があり、経験の交換と宣伝費の分配をその役目としている。その最初の声明は、三百の放送と七百の新聞で世界中に同時に現われたが、それは、「慢性のエネルギー不足が来たときの世界の安定と平和に対する危険」を警告した。しかし、「それに耳をかたむけた」人びとはほとんどいなかった。そこで、他の方法を考えださなければならなかった。

## 6

実際、核エネルギーに対する抵抗を挫くために、より徹底的なやり方——長期にわたって多くの効果を約束する戦術が、将来は吟味されるようになるだろう。新たな方法の基礎は、社会心理学的研究の分野で開拓されており、その助けを借りて、市民の行動がより綿密に探知され、そして核エネルギーをより広く「受け入れさせる」ための配慮がなされようとしているのである。ウィーン、ラクセンブルク、パリ、東京、フィラデルフィアの、国際的、国内的機関の委託で働いている「心理工学者たち」の間には、ある点で完全な一致が存在している。大衆の抵抗を増大させる動機とより深い原因の評価が、いままではあまりにも表面的でありすぎた、と彼らは確信しているのである。

この隠れた誘惑者たちがなにをするのかを、国家の援助を受けた紛争調査研究所によってオーストリア科学技術庁に提出されたプロジェクト提案が示している。この調査は極秘のうちにおこなわれ、そしてたった「十五部が委託者に」配布されただけだということである。この調査は少なくとも公的には、打ち切られた。というのも、予備研究の一部が「よけいな者の手」に渡ってしまったからである。

このプロジェクト提案において、予言者たちの小集団にくみする執筆者が表明しているのは、他の心理学者たちには——すくなくとも、一般的に手に入る出版物においては——それほどはっきりとはいえない種類の事柄である。「不安目録」が提案されていて、これは「選択された標的グループ」——原子力発電への賛成者ならびに反対者——への質問によって実証され、深められるべきだと考えられている。これによって「不安目録に示されているような、深層にあってほとんど意識されない懸念と不安構造を考慮に入れたうえで、これらの意見に効果的に影響を及ぼす可能性を示すことができる」ようになると信じられているのである。

この構想は、双方の立場の不安をあげ、それによって、客観性の外観を与えてはいるが、それは、これらの懸念を記述する段階ですでにまったく一方にのみくみしている。推進者たちの不安（たとえば、「落伍に対する不安」「臆病に対する不安」「不合理に対する不安」「社会的責任の欠除に対する不安」など）は、言葉を選んでいかにも合理的であるかのように暗示されているのだが、しかし、反対者たちの不安（たとえば、「魔法使いの弟子の不安」「反自然的なことに対する不安」「特殊な破壊的傾向に対する不安」「地獄の恐怖」「未知なるものに対する不安」など）は、不合理で、誇張されたものとして特徴づけられている。これとの関連において、つぎのような推測がおこなわれている。すなわち、これらの不安は、「接触することに対する魔術的不安」にもとづいており、「罪の幻想」によって引き起こされるのだという推測である。

このプロジェクトと並行して、オーストリア政府は、「偏見のない、民主的な情報活動と討議の可能性」と名づけられたキャンペーンを企てたが、このような社会心理学的研究に勇気づけられて、「一般受けしないことは明らかであるにもかかわらず、より影響の大きい結論」を下すべきこととなった。「というのも、決定の延期、あるいは責任回避から生ずると予測される結果は、いっそう悪い結果と危険を生じさせると思われるからである」。

科学技術庁長官ヘルタ・フィルンベルクと、オーストリア首相ブルーノ・クライスキーは、プロジェクトの執筆者によって、はっきりと警告されている。すなわち、「大きな住民集団の意志統一の欠如、それどころか、表面に出ないでくすぶっている不快感でさえ、思いがけない爆発、あるいは危険の転移（他の場所での紛争の出現）を生じる恐れがある」と。したがって、最善の「理性的決定」と「必然的なものへの現実主義的な適応を目ざし」指示することが、国家にとって「必要で、戦術的に重要だ」というのである。

# 7

「エネルギー獲得のためのさまざまな方法に対する住民の立場と態度」という調査プロジェクトは、ヴィール原子力発電所をめぐる論争がその頂点に達した一九七五年七月に、ボンの内務省からバテッレ研究所に委託されたものである。そのプロジェクトの女性指導者、ベアーテ・フォン・デヴィヴェーレは、一九七七年の春にこの仕事を放棄した。というのも、彼女は、この研究が住民の利害に反するという認識に達したからである。ある公的声明のなかで彼女は、自分の行動の動機を、つぎのように述べている。「このプロジェクトを通じて、労働者と農民、主婦と金利生活者、若者と老人の対立が調査されることによって、運動を分裂させ弱体化させるための手掛かりが見つけ出される」ことになっていたのです、と。

私は、この魅力的な若い女性社会科学者に、どうして、彼女がこのような決断を下すことになったのかを質問してみた。「科学技術省の委託者たちは、彼らに買収された専門家たちのサークルで、私に反省を促した研究の本来の意図を、皮肉な公平さで報告したものでした」、と彼女は話してくれた。「それから、〝市民との対話〟としてカムフラージュされたこの誘惑的な試みに、あからさまに抗議することには、なにも特別な勇気は要りませんでした」、と彼女は主張した。「はっきりと見てしまった者は、それにふさわしく行動しなければなりません。私には、ほかのことはできなかったのです」。デヴィヴェーレ夫人は、市民としての勇気を示したために、バテッレ研究所の指導部から、その後すぐ解雇されてしまった。

実際、住民が原子力発電をどの程度まで「受容」しているかを探り出し、干渉のためのより適切な戦術を構築しようとするのが、バテッレ研究所がおこなった研究や類似の社会心理学的調査の本質的動機なのであり、あらゆる核エネルギー国の政府とコンツェルンが目下実行していることである。近づきうるかぎりでの——これらの調査研究から認識できることは、「分断と支配」という戦術的意図をすでに超えて、より包括的なもくろみを目ざす傾向である。すなわち、技術、と文明や政治の発展全体に対して起こりつつある大衆的抵抗を鎮静化し牽制することである。技術、とくに原子力技術に対する不安において、この動揺は特別にはげしく現われていたのである。

「核エネルギーの受容の問題は、政治的な目的設定、決定内容と決定の過程に対して住民の大部分がもっている、一般的な不満と結びついている」ということを、システム研究者たちは非常に明確に認識している。このことは、たとえば、カールスルーエ原子力センターで活動しているチーム、コエーネン、フレデリクス、ロエーベンらによる内輪の研究報告にも現われている。彼らは、つぎのように警告している。「生活の質について住民のかなりの部分が考えている内容は、国民総生産は上昇しているという思いともはや一致していない」のであり、そして、繰り返し「経済的利害が、可能な解決に対する障害とみなされるのである」。

ヘルガ・ノボトニィ（IIASA、ラクセンブルク）の推測によれば、「原子力に対する反対は、集中度を高めつつある経済、政治から利益を引き出している人たちへの抵抗に根ざしている。この反対は、巨大国家、巨大科学と協力している巨大産業に照準を合わせている。それは、この発展を目のまえにして自らを無力で貧しいと感じている人びとの抵抗なのである」。

ヘンリー・J・オトウェイ（国際原子力機関、ウィーン）は、つぎのように予言している。「技術によって定められた未来の形態と方向について論議するさいに、原子力は象徴的な役割を演ずることであろう」、と。しかし、彼がそれほど問題とみなす方向からの現実的転換を、彼は提議することはできないし、また提議しようともしない。むしろ、繰り返し彼は、原子力の反対者たちとの妥協の可能性をさぐり、接触点を見出そうとし、そうすることによって最終的に核エネルギーの危険を甘受させようというのである。彼の研究から引き出される結論は、核エネルギーの推進者たちが原子力開発の危険を言いつくろうことをやめるならば、おそらくよりいっそう成功をおさめるだろう、ということである。彼らはむしろ、住民を説得して、このかなりの危険を今後は意識的に、そして自発的に引き受けさせるようにすべきだというのである。

すなわち、オトウェイが認識したところでは、人間は、自ら決定することなしに強いられたものよりも、むしろ、彼ら自身が納得した冒険を喜んで引き受けるものである。しかし、このような内発的同意に反対者たちが導かれるのは、ただつぎのようなときだけである。すなわち、核エネルギーの利点が究極的にはあらゆる危険を凌駕するということが、まえもって、数字のうえでの正確な危険の算定にもとづいて、彼らに納得のいくように明らかにされるときのみである。さまざまな決定可能性とそこから生ずるであろう帰結のすべてについての「整理されたリスト」が、そのことを容易にする。また社会的諸価値の測定、ならびに危険の算定とそれを調停することに努めるべきであるというのである。

この新しい心理学的戦術は、すでに一九七七年五月、西ドイツの原子力技術協会の会長によって実験されている。マンハイムでの会議で、彼はつぎのように述べている。「文明の危険が存在するということを人びとが自覚したならば、今後は、危険に対する合理的な関係を見出すようにしなければなりません。彼らは、文明、豊かさ、また生活の質が、危険に関して無料（！）にはならないということを認識しなければならないのです」。

人びとがこの「旅行」のために支払わなければならない「運賃」は、危険調査にたずさわる者たちによってすでに厳密に算出されている。彼らは、狡猾な計算に没頭している。この計算は、平均的人間の命に、実際何ドル程度の価値があるのか、そして、そのような命のどれくらいが、原子力経済のために犠牲にされうるのか、を明らかにするというのである。これと関連して、そもそも原子炉の保安のための出費がもうかさみすぎてはいないかどうかも問われている。もし産業が高価な破壊防止装置や他の費用のかかる防護施設に巨額の金を費やすのをやめ、もちろん国からの援助を受けて、被曝患者や事故による死者の遺族に「相応な」補償を支払うようにしたほうが、より安あがりではないだろうか？　というのも、「ホモ・アトミクス」の価値を、この「工場主たち」は、貨幣価値の尺度に従ってしか評価することができないからであり、この唯一の尺度だけが彼らにとって現実的な価値をもつからである。

こうして、最終的に、グントレンミンゲンの原子炉での事故の犠牲者オットー・フーバーとヨーゼフ・ツィーゲルミュラーも、原子力産業の出納帳に、ただ、エネルギー過剰という終着駅に向かう旅行に必要な小銭として記帳されただけである。

# おびえる人びと

# 1

レフ・コワルスキーは原子力研究の草分けの一人である。ジョリオ・キュリー、アルバン、ペランの同僚として、彼は「フランス学派」の名声を確立した。第二次大戦中は、同僚とともにドイツ軍の手を逃れてカナダに赴き、そこで最初の実証炉の建設に参加し、指導的役割を果たした。彼はいまでも核エネルギーの利用はすくなくとも当座は必要悪だとみなしている。しかし、豊富な専門的知識と良心のゆえに、彼は「高速増殖炉」に反対することになった。「高速増殖炉」の開発は、高度の危険性と核爆弾の材料であるプルトニウムへの依存のために、彼には弁護できないものと思われるのである。

私はこの人並みはずれた人物を、一九五五年に開かれた「平和のための原子力」という核エネルギー平和利用のための最初の国際会議の席で知った。彼の知識、誠実さ、辛辣なユーモアを高く買うようになった私は、それからのちも繰り返し彼と会った。当時、といってもいまからほぼ四半世紀前のことではあるが、初めて私が彼に原子爆弾の歴史をたずねると、彼は次のように声をひそめて言った。「ええ、もちろんたくさんお話しすることができますが、真実を全部話せとおっしゃるなら、そのまえにあなたのほうで百万ドル用意してください。もし話せば、職を得ることができなくなりますからね」。

一九七七年の夏、パリの南部にある牧歌的で、とくに学者が多く住んでいるジィフ・シュール・イヴェットの町にコワルスキーを訪れたとき、この熊のような人物は、少し前に重病を患った直後だったため、まだ仕事のできる状態ではなかったが、相変わらず精力的で、機知縦横、並はずれた知識をもとにいろいろな話をしてくれた。私は彼に、いつか回想録を書いてくれるように希望を述べた。原子力の研究が純粋な真理の探究に身を捧げることができると信じていた一部の人びとの仕事であった時代に始まり、遊びから真剣で重大な責任問題が生じていった時代にいたる間、この方面の立派な科学者のなかで、彼ほど意識的に、絵のように面白い細部の事柄にまで関心をもち、原子力研究の発展を身をもって経験した人はいなかったからだ。二人の話は、明るい未来への希望に始まり、最後には暗黒と不和へと通じていったこの研究の長い道程を一巡りし、コワルスキーが客として招かれていた以前の秘書に、飛行機に間にあうように出かけたほうがいいと注意されるまで続いた。「近いうちにまたお会いしたいですね」と別れの挨拶をした私に、もう出かけようとしていた彼は、会話に終止符を打つかのように、次のように答えた。私はいまもその言葉を忘れることができない。「やつらがそのときまで私を生かしておいてくれたらね」。

「なんですって。だれが、いったい、なんのためにそんなことをするんですか」

彼はいま一度椅子にぐったりと腰を下ろして、机の上にあった紙を一枚とって、いつものように、また以前にもしばしばみせたように忍耐強く、私の目の前でなにやら計算を始めた。今度は物理学の計算ではなく、「障害K教授」を除去するのに必要な力（つまり費用）の計算であった。

疑問の余地なき学問的名声のために、「高速増殖炉の領域」において彼は重大な障害だったのである。国際的な企業連合が「高速増殖炉」という危険な怪物にこれまで百五十億フランを出資しており、この金額の千分の一、つまりおよそ千五百万フランを殺し屋一人に支払うのは決して高すぎるというわけではなかった。私が彼の言葉をいつもより気のきいたブラックユーモアの典型的な例だと考えないように、彼は重く息をついてつけ加えた。

「やつらにはなんでもできるからね！」

## 2

ちょうどこの日、家に帰ってみると、ドイツ人技師インゴ・フォッケの手紙がブレーメンから届いていたが、この手紙がこなかったら、私はこの変わった話をそれほど真面目に考えなかったかもしれない。フォッケは手紙につぎのように書いていた。彼と、専門家で原発に反対している二、三人の人の車に、わかった時には手遅れになるような細工がひそかに施されていた。その一つでは殺し屋たちの領収書まで見つかったのである。ドイツの市民大学の校長であるS氏は一連の講演会を催し、そこで核エネルギーを批判的に論じた。市の当局者たちは彼の講演会開催を認めようとせず、まず絶対に止めさせようとしたが、むだであった。

「その少しあとで、S氏は高速道路で事故にあい、致命的な重傷を負いました」とフォッケは書いている。これはただごとではない。この事故と結びつくさまざまな憶測は、ほんとうのところ「被害妄想の肥大」によるだけだろうか。数学の教授ゲルハルト・オジウスの身の上に起きたことを、フォッケは同じ手紙で次のように報告している。教授は十月にヴュールガッセンの原子力研究所に関する公聴会で発言し、研究所の支持者やそれを認可する役所を、非常に困らせた人物である。「夜、彼が夫人といっしょにPKWシムカ1100でブレーメンへ帰ろうとする時、狭い通りで車の方向を変えるため、二、三度車をバックさせたところ、少々荒っぽく歩道の縁石に乗り上げてしまったのです。それからハンドルもまったく思うにまかせないので、車を降りてみると、前輪の一方がまっすぐ前をむいているのに、もう一方が横を向いているという有様でした。タイロッドとドロップアームの球状ボルトが切り離されてぶらさがっていたのです。折れているものはありませんでした。私も実際現場に行って、この眼でくわしく破損を調べてみました。前の車軸にはこれといった異状はなかったのですが、タイロッドのところがねじまげられていて、ドロップアームのボルトがわずか一、二回ほどしかタイロッドにねじ込まれていず、ほんの少しでも重みが加われば……、たわんで抜けてしまいそうでした。少しでもスピードをだしていれば、結果は致命的なものになっていたでしょう……」。

フォッケは有名な飛行機設計技師の一家の出である。彼が真剣に反原発運動に取り組みはじめたところ、鑑定人として彼の働いていた会社が、ヴュールガッセンとオープリッヒハイムの原子炉用につくった欠陥のある逆止め弁を、彼の署名で欠陥のないものであると証明させようとした時であった。彼は最後には売り渡されることになる製品を欠陥のないものだと認めるのを拒んだ。「その弁は使用後間もなく作動しなくなってしまうことが、会社内部のものにはわかっていた」からだった。会社がどのように彼をなだめすかそうとしたか、次のように書いている。「いっさい責任は負わなくてもよいと会社側は請合いました。改良されたボックスが設置されているから、これで逆止め弁は絶対に安全であると説明してほしいというのです。しかしテストは全然おこなわれなかったのです。さらにこのような事件が二、三度起きてから、私は職を辞し、市民がイニシアティブをとる運動に参加することになったのです」。

グローンデの原子力発電所でのデモからの帰り道、フォッケの自動車の尾灯が二つとも消えてしまっていたが、これはフォッケが市民の側の「批判的専門家」として活動を始めたことと何か関係があったのだろうか。尾灯はほんの二日前に検査してもらったばかりだった。

彼は自分の推理を次のように書いている。

「車はデモ隊から遠く離れたところに置いてあったのです。しかもわれわれが到着したときには付近はきわめて静かな状態でした。車は夕方までだれも番をせずに駐車してありました。車が幾台も置いてあるところに、すぐそれとわかる私服刑事たちがずっといたのです。尾灯がなくても、運転それ自体は〝工作による事故〟が起きるほど危険な状態ではありません。でも、車はスピードの出ない2CVでしたから、このような条件で高速道路を走っていて、スピードをだしている大型車に、発見が遅れてドカンとやられれば、完全にペシャンコになる恐れがあります」

## 3

核エネルギーをめぐる対立に絡む犯罪が増加しているが、このようなことは一見しただけではありそうにもないことのように思われる。批判的な歴史家の眼でみた経済史の知識があれば、合衆国で新しい技術の成果を取り入れる場合には、いつも公然かつ隠然たる多くの犯罪が絡んでいたことがわかる。どうして核エネルギーの場合もそうでないと言えるだろうか。利益と権力を約束してくれるこの新しい産業の経営者たちは、きわめて慇懃な姿勢で登場してきたが、彼らが十九世紀の「泥棒男爵」や「産業時代の泥棒騎士」たちより、反対者に理解があるとする理由は何もない。実際彼らもまた、自分の汚れた洗濯物を他人に洗わせ、共犯の嫌疑をすべて「恥知らずな誹謗」「センセーションをねらった世論の喚起」「途方もない煽動」だと退けたのである。

ある自動車事故——それは最初うやむやにされかけたのだが——がきっかけで、「カレン・シルクウッド」事件も始まった。この事件はその後アメリカ合衆国でたいへんなセンセーションを巻き起こしたが、今日にいたるまで納得がいく解明はおこなわれていない。一九七四年十一月十三日の夕方、クレセントとオクラホマ・シティを結ぶ高速道路わきで女性の死体が見つかった。ひっくり返った日本製の小型乗用車が高速道路からさほど離れていないところにあった。二十八歳のこの女性はカーマッギー・コンツェルンの「シマロン・プルトニウム工場」で実験助手として働いていた。のちに発表された公式の鑑定によると、運転していた女性は、車に乗るまえに多量の精神安定剤を服用し、ハンドルを握ったまま眠り込んでしまったというのである。

事故現場の近くでは、『ニューヨーク・タイムズ』の著名な記者デイヴィッド・バーナムとOCAW（石油、化学、原子力産業労働組合）の書記スティーヴン・ウォトカの二人が彼女を待っていた。二人は彼女が持ってこようとしていた重要書類が事故後紛失していることから、事故の背景になにか怪しげな陰謀の存在をすぐさま感じとった。彼らによると、その書類には、彼女が集めた経営者の安全規約に関する重大な違反についての数多くの証拠が含まれているはずであった。

一九七〇年から七四年までに、一つの工場だけで八十七人もの従業員が、二十四回に及ぶさまざまな「事故」によって、プルトニウムで汚染された。その一人にカレン・シルクウッド自身も含まれていた。七四年九月に、彼女は作業グループの二人の仲間といっしょにワシントンへ行って、労働組合に「シマロン工場」の健康に有害な労働条件について苦情をもち込んだ。組合側は、燃料棒に欠陥が確認されたという検査報告とそれに添えられたX線写真を、カーマッギー社が改竄したという彼女の主張にとくに注目した。

この主張を裏づける、疑問の余地のない証拠を提出するよう求められ、カレンは職場にもどり、二、三週間かけて請求された証拠を集めた。死体を発見したパトロールの警官は、現場に散乱していた書類のことを覚えていた。にもかかわらず、会社側に不利な書類は、事故のあとではもう発見することができなかった。警官が集めた書類を盗んだ人物は、明白な容疑事実があるにもかかわらず、明るみに出されてはいない。工場の責任者と原子力の監督官庁からやってきた五人の人物の動機にも、だれも興味を示さなかった。彼らは、事故のあとで、事故を起こした車が運びこまれたガレージに現われたのである。また、同様に労働組合から委託を受けた事故鑑定の専門家が発見した事柄も調査されなかった。その専門家は、別の車に激しくぶつけられないと生じえない真新しい傷を車の後方に発見したのである。事故にあった女性の運転していた軽い「ホンダ」は、故意に体当たりされ、道路からほうり出されたと推測される。カレン・シルクウッドは事故の起きるまえからすでに、だれかが密かに、彼女によからぬことを企んでいるのを知っていた。というのも、彼女は先にもう一つの説明のつかない事故の犠牲者になっていたからだった。

事故の一週間ほどまえの十一月五日火曜日、いつものように工場の出口で夕方の放射線検査を受けたところ、彼女の作業ズボンがプルトニウムで汚染されているのがわかった。以後、火曜日、水曜日、木曜日と数度にわたり「放射能除去」という煉獄の火をくぐらなければならなかった。繰り返し彼女の身体から異常な放射性元素の影響が発見された。それから数度にわたり、採血、唾液検査、尿の分析、検便、肌を梳(す)くような刺激性の化学薬品による全身の洗浄がおこなわれた。この洗浄の痛みで彼女はほとんど眠れなかった。これに汚染の結果引き起こされる事態についての不安が加わった。なぜならカレンは、少しまえに、有名な放射線の専門家ディーン・エイブラハムソンの講演で、プルトニウムは、もしそれを吸い込んだ場合にはコブラの毒の二万倍も有毒であると聞いていたからだった。

会社側によれば、汚染源が工場内で見つからないということだったので、今度は調査班全員が、彼女がもう一人の女性の同僚といっしょに住んでいる家に送り込まれてきた。白いマスクをかぶった放射線防護員たちは間もなく、台所でとくに強度の放射線を確認した。冷蔵庫の中でボローニャ・ソーセージが二、三枚発見され、それがとくに強くプルトニウムで汚染されていたというのである。この検査がまだおこなわれている最中に、カレン・シルクウッドは家から遠くないところに駐車してあった車の中で、会社の二人の弁護士に圧力をかけられていた。彼らは、彼女自身が身体と家を故意に汚染し、会社の安全管理の不備を批判する「キャンペーン」をこのようにドラマチックに演出しようとしたのだという、考えられもしない告白を強制的にとろうとした。いいかげんにこの追及者から逃れたい一心だったシルクウッドは、頭が混乱したまま差し出された一枚の紙に署名すると、興奮して家の中に飛び込んでいった。

そこにあったのは裸の壁だけだった。服、洗濯物、化粧品、タンス、カーテン、ベッド、調理道具、あらゆる物が汚染物として持ち去られてしまっていた。エアコン、照明器具、壁の化粧張り、電灯線といったものまで剝ぎ取られ、放射性廃棄物として運び出されてしまっていた。彼女の友人で同僚のドリュー・スティヴンスは、彼女がくずおれてしまった様子を思い出して、つぎのように語っている。「彼女はすすり泣き全身をわなわなと震わせはじめたんです。プルトニウムに汚染され、徐々に死んでいく運命なんだと確信していました」。

しかし、実際にはそれより早く、ずっとありふれた交通事故で、彼女は死んでしまったのである。

## 4

「カレンは並はずれた人でした。彼女は会社の脅しにくじけなかったのです。彼女は自分で考えたことを語りました。彼女は非常に勇敢だったからです。そして――いまでは私たちにもわかっているんですが――私たちは彼女を十分援助しなかったのです。彼女は、まわりの人が不安を感じたときでも、さらに前進しようとしていました」

残念ながら、原発企業の労働組合の役員が同僚の死後に捧げたこの追悼文こそ、「シマロン工場」の恐るべき経営環境をあまりにも正確に言い表わしている。カレンの死後、プルトニウムの生産に従事している者はすべて嘘発見器による検査を受けなければならなかった。その際、次のような問いに答えなければならなかった。

「あなたは組合員ですか」

「あなたはかつてカレン・シルクウッドと立ち入った話をしたことがありますか」

「マリファナを吸いますか、それとも他の睡眠薬を服用していますか」

「あなたは新聞社かテレビ局の人と会ったことがありますか」

検査を拒否したり検査に合格しなかった人は、解雇されたり、社内で左遷されたりした。この脅迫は、のちに「全国労働関係委員会」（ＮＬＲＢ）への訴えにより、はっきりと有罪の裁定を受けた。しかし、そうなってすら損害賠償を受けた者は解雇された人びとのうち一人にすぎない。

「シルクウッド事件」は、核エネルギー産業と関係のあるいくつかの企業、研究所、監督官庁を支配している労働環境のとくに悲劇的な一例にすぎない。そこで働いている多くの人びとは、不正や危険な欠陥、軽率な企画についてよく知ってはいても、はっきり語ろうとする人はほんのわずかしかいない。そのようなことをすれば、解雇されたり年金の請求権を喪失するだけでなく、この分野から追放されたり、職業上の死を招くことになりかねないからである。

どこでも同じだが、幸運なことに、ここにも例外がある。あえて真実を語ろうとした人は、アメリカ人の原子炉技師ロバート・Ｄ・ポラードである。私は「核のない未来のための国際会議」の席で彼を知った。六年間指導的な地位で働いていた「原子力規制委員会」（ＮＲＣ、米原子力委員会の継承機関）を公の場で批判すべきかどうか、決心するのに何カ月も苦しんだということを、彼は私にくわしく語ってくれた。

ロマンチックな古都の庭園での私たちの会話はまったく無邪気なバラの話から始まった。バラに関しては少しくわしいのです、と四十代の技師はむきだしのアメリカ訛で切り出した。「原子炉の調子がすべてよくないのを忘れるために、バラの栽培をよりどころにしたのです。これも当時気晴らしにいろいろやった趣味の一つにすぎないんですよ。しかし、そんな趣味はどれも役に立ちませんでした。メーカー側から強要されて、軽率にも会社への引き渡しを認めてしまった設備のどれかが〝暴れ出した〟ら、いったいどんなことになるのだろうか、と四六時中考えなければなりませんでした。たとえば、ニューヨーク近郊の〝インディアン・ポイント二号機〟がそうです。むろん最初は同僚と私の心配について話をしたし、上司に警告しようともしました。しかし、彼らはすぐに、そんなことを思い悩むのは賢明なことではないと匂わせるのです。不必要に自分の経歴の障害になるようなことをすることはないというのです。それから、妻とこうしたことについて話をしようとしました。そしてつぎに父親と話をしようとしましたが、彼らは最初私の言うことがまったくのみ込めなかったのです。でも私の不安がつのり、夜も眠れなくなると、妻のほうがとうとう折れてくれました。〝ほかにしようがないなら、まあ仕方がないわね〟。そこで見回した結果、以前耳にした〝憂慮する科学者同盟〟のことに思い当たりました。同盟の人が私をマイク・ウォーレスのテレビ番組〝六十分〟に紹介してくれました。そういうわけで、一九七六年二月に、何百万もの人びとの前でこの方面の責任者が聞きたくないことをついに私は語ることができたのです」。

「それから？」

「おきまりの中傷キャンペーンです。管轄の官庁へ苦情をもっていくべきだったのに、まったくそのように努力しなかったというのです。売名のためだと非難されました。それに、彼らによると、私はまったく頭が正常でないそうです。そんなふうに見えますか」

いや、このロバート・ポラードは平均的アメリカ人そのものといった風貌の人物である。一度も髯をはやさず、髪をのばしたこともない。彼は親切で率直、粗野なところもあるが、ときに無邪気になる、技師によくみられるタイプの人物である。彼には「専門的知識のある同僚たちがこれほど卑劣な嘘がつけること」がいまだに理解できないのである。

ポラードは世界中を旅行し、いたるところで核開発の批判者たちに「対抗的専門家」として援助をおこなっている。彼が告発者の側に立ち、計画中の原子力発電所に反対する陳述をおこなったとき、彼の誠実さはヴィールの裁判官たちに大きな感銘を与えた。このもの静かで公平な鑑人は、建設中止の判決に重大な影響を与えたはずである。

「このような専門家が、もっと私たちの味方になってくれるといいんだが」とフライブルクの弁護士ジークフリート・デ・ヴィットは思った。彼は仲間のライナー・ベーレッツとともに「ヴィール事件」を闘い、大きな成果をおさめ、それ以降、市民のイニシアティヴによる二、三の異議申し立ての訴訟を弁護士として援助してきた。「問題は、敵が公職にあり十分給料をもらっている有名な専門家を数多く雇っており、彼らを先鋒とすることができることなんです。原発に批判的な意見をあえて述べることができる有能な科学者は五人もいないんです」。

ハンブルクでこうした話をしていたときに、私たちのテーブルに一人の若い水生生物学者がいた。その少し前、計画中の原子力発電所の廃熱と放射能による水質の汚染が議論の中心となったある「訴訟」で、彼は専門的に根拠のある懸念を表明した。学会の明星であり、大学に講座をもち研究所の所長である彼の上司が、経営者側の専門家として発言した。にもかかわらず「尋問」で多くの信頼を得たのは、この若い助手のほうであった。「やはり上司は私を決して許してはくれませんでした」と彼は私に語った。「これで職を変えなくちゃならないでしょうね。私たちの職業領域は狭いのです。互いに顔見知りなので、彼らはきっともう私を近づけやしないでしょう」。

## 5

私が「核のない未来のための国際会議」（一九七七年五月）の開会の辞で、反体制研究者に精神的、物質的援助を提供するため、援助基金を創設することを提案したのもこのような出会いがきっかけである。秘密保持規則違反で解雇されても、社会的な不利益や経済的困難を必ずしも意味しないことがわかれば、「結局は家族を養わねばならない」という理由で体制に同調している多くの人びとの意を強くすることになるかもしれない。連帯し支援を受けることができるとわかれば、官庁や会社の怠慢や規則違反についての情報を、いままで人目をはばかりながらでしかも ち出せなかった人びとを勇気づけるのに大いに役立つだろうという私の考えの正しさを、ポラードは認めてくれた。ポラードによれば、彼が委員会を辞任してから、彼の同僚のすべてが彼と同じ懸念をもっていることを教えてくれたということである。しかしポラードがわかってもらいたかったのは、彼らには公然と彼を支援できない事情があったことである。とはいえ、ポラードと同じ不安を感じた同僚の一人が彼の例にならい、原子力規制委員会をやめると宣言した。「国立規制会社（NRC）」の委員長マーカス・ローデンに宛てた彼の手紙は、全文引用する値打ちがある。この手紙は、原子力産業のために沈黙したり隠蔽するという不文律が、住民にとって危険を、そうでなくとも高いのに、さらに増大させていることを実例をあげて示している。

一九七六年十月二十日

USNRC　マーカス・ローデン殿

私は、原子力規制委員会（NRC）の安全解析スタッフとして、当局に対し緊急の安全性問題に取り組むよう何度も働きかけたのですが、何度も失敗しました。そこで、私はNRCを辞職することを決心したのです。この決心は、金曜日に実行されました。私の決意の基礎にあるいくつかの憂慮について、ここで述べてみたいと思います。世間がNRCに対していだいている信頼を、NRCが裏切ったという理解で、私と、NRCの多くの技術系労働者である同僚とは一致しています。この委員会は、核エネルギーに関して公の利益を守るためにあるのです。われわれの責務は、核の安全に関する潜在的な問題点を認識するために、客観的で独立の安全性検査をおこなうことにあるのです。市民が放射線事故の痛ましい結果に苦しむことがないよう、原子力施設を稼働させる以前に、これらの問題を納得のいくように説明することに留意すべきなのです。しかし、ＮＲＣは安全性に関わる重大な問題を繰り返し隠蔽し、人目につかないようにしました。われわれは十あまりの大規模な原子力施設が、不十分な安全措置や重大な事故の危険性があるにもかかわらず、人口密集地帯で稼働しているのを容認しているのです。われわれが事細かな検査をおこなって、安全鑑定書を作成するのは、きわめて大きな安全性問題を隠すためにすぎません。原子力の安全性に関する不愉快な問題を数多く暴露しているＮＲＣの技術局の分析を、不当にも社会の目から隠しているのです。原子力施設の安全性について表面的な保証を社会に与えているのです。しかし、われわれはこの保証には適切な技術的基礎が欠けているのを知っています。ＮＲＣの首脳は、産業の利益に縛られているために、監督官庁としての公正さへの信用に傷をつけてしまいました。

かつてわれわれの同僚であったボブ・ポラードは、辞職して原子力の安全性問題の現状とそれに関する鑑定について率直に語る決心を今年になってしました。ボブの懸念に対するＮＲＣの公式の回答は、議会内ではＮＲＣの潔白を証明するものと思われています。それは、ボブが会社の技術保安担当のかなり多数の専門家の考えを代弁しているという事実が、議会には伏せられていたからです。「インディアン・ポイント二号機」に関する彼の懸念にはまったく同感です。分別のある防護官ならだれでも、この二号機を閉鎖するだろうということに疑問の余地はありません。

実際、私はＮＲＣの首脳に安全性問題について説明し、「インディアン・ポイント二号機」

だけでなく、現在合衆国で稼働中の商業用加圧水型原子炉（ＰＷＲ）を即時閉鎖する必要があることを進言しました。安全性問題が具体的に存在しており、予測のつかない事故にいたる恐れがあるにもかかわらず、ＮＲＣはそれらの施設の稼働を許可しているのです。

ボブの辞職以来、ＮＲＣのスタッフは、迫害や報復、また失職する不安から、率直には語らないように用心しています。私は今度中西部で新しい職をみつけました。この仕事は商業用の原子力計画とは関係がありませんので、私はここから自由に発言することができます。私は原子力の反対者としてではなく、重大な安全上の問題が直ちに解決されるよう希望しているこの有益な原子力の賛成者として、今後とも発言していく所存であります。

敬　具

原子炉システム部門原子炉技師
ロナルド・Ｍ・フリュッゲ

## *6*

この手紙はアメリカの世論に大きなセンセーションを巻き起こし、議会による調査を求める声が大きくなった。本来この種の問題を管轄するはずの「上下両院合同原子力委員会」は、原子力関係の行政機関と共同で仕事をしており、たいへん視野が狭く、無批判的なことは周知のことなので、もっと独立性のある、宇宙飛行士のブロケイド委員長のもとで活動している「上院政府活動委員会」（SGOC）に、この問題が委託されるのがよいとされた。

さらに三人の原子炉技師と電気技師が、一九七六年十二月中旬に開かれた公聴会で、ポラードとフリュッゲの主張を支持する勇気ある発言をした。具体的な例をあげて、彼らは大企業が安全性治安当局に再三圧力をかけるのに成功したことを指摘した。たとえば、最新の研究水準に照らしても、少し古い原子力発電所の改良の必要はない、ということにしてしまったということである。また新しい原子力発電所についても、のちに適正検査をおこなうとただ約束するだけで、実際には厳密な検査をおこなわずに稼働が認可されたことがよくあったということである。

「反体制研究者」の少なくとも二十人くらいはこの機会を捉え、民主的制度により選出された議員の前で批判を公にすると予想されたが、この期待は裏切られた。というのは「原子炉規制」部部長のベン・ラッシュは、懸念がある場合にはまず内部の、とくにそのために任命してある「調査官」のトーマス・マクティーールナンに申し出るよう促すことにより、そのような抗議をする人びとの機先を制しておいたからである。こうした異議はすべて特別報告で利用されるし、実際にも最大の注意が払われるであろうというのである。のちに明らかになったところによれば、実際は原子力施設の弱点を探り出すのではなく、むしろ職員のなかからの「情報洩れ」を探り出そうとしたのである。このようにしてできあがった「マクティーールナン報告」の審査を任された人物は、あからさまに自分の責務を放棄して見せた。おそらくそれは、彼がそのような「きたないトリック」を隠蔽したいとは思わなかったからであろう。

　この情報はピーター・コフラーによるものである。彼はいくつかのアメリカの雑誌の協力者であり、ある民主的な議員の参謀としても活躍している人物である。彼の報告によると、「公聴会」で本当は不利な発言をするつもりでいた人はだれもが、「上司に脅しを受け、圧力をかけられた」ということである。もし世論に対して沈黙を守らない場合には、「ブラックリスト」に名前が載り、原子力産業関係のいかなる官庁や会社でも定職をみつけることができなくなる、と彼らはほのめかされたのである。それは、彼らにはもう全然職が得られなくなるということであったろう。

　しかし、こうして脅しを受けた人びとのうちの幾人かは、危険をかえりみずコフラーに自分の考えを述べた。もちろん彼らは細心の注意を払った。「事情聴取のさい、彼らは繰り返し名前を伏せておくように頼みました」と彼らに秘密を明かされたコフラーは語った。「私は技術上の問題には決して立ち入ったことを聞かないように言われました。そうでもしないと、私と話をした人がなんの専門家であるか、そのテーマでわかってしまうからです」。

　これらの聴取でまず明らかになったのは、職務上の義務に従って、企業の利益に支障をきたすような批判的な報告を書いた技師が幾人か、彼らが提起した問題とは将来なんら関係のないであろう他の部署に上司から配置替えされてしまったということである。以後彼らが提起した問題は、それ以上追求されないか、またはこれからその方面の勉強をしていかねばならない別の人にまかせられるかのどちらかである。その間、その問題に精通する彼の同僚は、上司の不興を買ったためドアを二つ三つ隔てた部屋でなにもせずにぶらぶらとしているということになったのである。

コフラーが聞かせてくれた話だが、沈黙を強制されたある研究者が怒りを爆発させたという次のエピソードは、原子力産業の安全性を監督する最高官庁内にあって、そうしたやり方で道義が深く揺らいでいることを如実に物語っている。「数年前になにか有益な仕事をしようとここにやってきたんです。でも、いまの感じでは、ここではなにもかも腐ってますよ。ポラードやフリュッゲと同じことをしなくちゃならないだろうと思いますねえ。そうでもしなきゃ、まともに自分の顔が見られませんよ。良心をひとかけらももたないごろつきどもに支配された世界で、自分の子どもが大きくなっていくなんで、まっぴら御免ですからね」。

ワシントンで得たこれらの報告は、私がドイツの原子力企業の従業員と会ったときのことをよくよく思い出させてくれた。

ベルギッシュ・グラードバッハのイマニュエル・カント通りのある家で、私はトラウベ博士の以前の同僚のいく人かと会った。トラウベ博士は、誤った嫌疑によって企業から解雇された物理学者である。原子力国家によるこのような監視が初めて公の問題となって以来、これらの人びとは、以前にもまして積極的に、自分たちの活動がもたらす社会的帰結と取り組み議論しはじめた。この集まりの主催者は、機械技師で三十五歳のハンス・ヴァルター・クラウゼであった。彼は千八百人の従業員のうちでただ一人、西ドイツの原子力発電所計画、なかでもとくに「高速増殖炉」

に対してはっきり疑念を表明した人である。これまで彼が解雇されないでいるのは、彼が経営協議委員会の委員であるためである。しかし、会社側は彼を「会社の異(け)」と誹謗したり、人事委員会や企業内教育での彼の役目の一部を取りあげるなど、解雇以外のあらゆることをおこなっている。このようなことになった直接のきっかけは、ブロックドルフやイッツェフェでたびたびデモがおこなわれて以来、会社の首脳部が強力に推し進めた署名運動に対して、クラウゼ氏が加えたなんでもないコメントであった。つまり、経営協議会の委員たちが職場に出むき、直接一人ひとりに原子力計画が支障なく続行されるよう政府に要求する決議に署名を求めたのに対して、彼は批判を加えたのである。クラウゼは掲示板に掲示を出し、そのなかで次のように訊ねた。「最初の一歩が思想調査の方向でおこなわれたのがわからなかったのだろうか。このようなことは、明白な理由によりこれまで会社の首脳も避けてきたことではなかったか。上司や同僚にもはっきりとわかるように署名の決断を迫られ、しかるべき十分な理由により署名をしようとしなかった人びとが不利益をこうむらねばならないということがわからなかったのだろうか。場合によっては、別に職場を探さねばならないようになることもありうることがわからなかったのだろうか」。

会社内部を支配している「空気」を考えれば、そのような恐れが誇張ではないことは、私がクラウゼの家で彼の同僚から聞いた言葉のすべてからもうかがえた。もし私がアウトサイダーであるクラウゼさんの家を訪れたことがわかれば、それだけでもう私を陥れる立派な理由になるのです、とそこに居合わせた一人が言った。彼は経験からそう言ったのである。その人物は二、三日前に人事部に呼ばれて、厳重な警告を受けた。それも地方の市民大学で開かれた原子力問題の討論会に参加し、そこで批判的な意見が出されたからというそれだけの理由によってである。彼自身は発言はしなかったのにである。

同じ会社のもう一人の同僚は、公の説明会で、ラスムッセンの計算によれば最大値をとっても事故が起きるのはせいぜい百万年に一度であるとレポーターが言ったのに反論した。すなわち、この数値は大惨事がいつ起こりうるかということについてはなんら明確なことを語ってはおらず、百万年に一度とはいっても明日にも起こるかもしれないし、また十万年後か、さらにあとのことかもしれない、というのが彼の意見である。この発言のために、彼は会社の首脳に呼び出され、君の発言は会社の利益を損ねた、今後このようなことを繰り返すなら、損害賠償を求める告発も辞さないことを覚悟しておいてもらいたい、と注意された。

これと似た事件が起こるたびに、会社は、なんと言おうが社の規定により、憲法で保障された言論の自由は少なくとも部分的に制限されているのだと主張した。会社の規定とはつぎのようなものである。「社員は各自、口頭によると文書によるとを問わず、会社の利益に抵触する専門的な発言を比較的大きなサークルの前でおこなう際には、あらかじめ会社の首脳部の承認を得ておかねばならない。発言が会社の利益に反しない場合には承認される」。しかし本来は、特許権のある技術に関する情報を保護するだけのものであったこの規定も、そのうち——おそらくはこの会社だけではないだろうが——拡大解釈された。たとえば公衆を前にして批判的意見を述べ、「会社への忠誠義務」を損ったというだけで、もう処分の理由として十分なのである。

## 7

このような規定が出されたのは、もちろん偶然ではない。西ドイツにはアメリカの原子力産業の場合と同じく、そうせざるをえない理由がある。企業の計画への信頼を揺るがすような弱点や計算上のミスが決して外部に漏れないように守秘義務が強制される。たいていの場合、すでに確証されていることを引き合いに出すわけにいかない原子力産業では、出資者に対して仮定や希望、確率といったものを使わざるをえない。つまりこの領域では、株式投機にのみ見られるような心理学的規則というものが存在するのである。とりわけ「内部からの」確度の高い情報にもとづいた批判は絶対に防がねばならない。内部からの批判はとくに信頼すべきものであり、出資者の間に疑惑を招きかねず、信用の喪失は場合によっては何百万ドル、何百万ポンド、何百万ドイツ・マルク、何百万スイスないしフランス・フランの損害に達する。

このことはとくに「高速増殖炉」について言うことができる。これを開発している企業の経営者は、高速増殖炉が最初から「問題児」であったにもかかわらずというべきか、そうであったがゆえにというべきか、批判には極度に反応する。高速増殖炉の推進者の長であるヘーフェレ教授

——彼は当時カールスルーエ原子力センターの企画主任であったが——は、一九六九年にボンで開かれた「増殖炉に関する公聴会」の席上、増殖炉試作モデルSNR300に要する費用は五億マルクにのぼるであろうと語った。しかし、四年経つか経たないかのうちに、見積もりは四倍の二十億マルクにまで引き上げられ、それ以後さらに三十五億マルクから四十億マルクとまで言われるようになった。六九年一月に、ヘーフェレ教授は「いますぐにでも」増殖炉を建設できると語っていた。しかし専門家の発言によれば、ヘーフェレ教授は、当時、安全な稼働の障害となっている技術上の問題で未解決のものが少なくとも二十八もあった。

『フランクフルター・アルゲマイネ・ツァイトゥンク』紙でクルト・ルドツィンスキーは、「世論に対してまったく恣意的で場当たり的な空想的数字や計画をもち出し、その舌の根も乾かぬうちに同じく恣意的な新しい数字や計画でそれに置きかえるなどということ」はこれ以上許されない、と抗議した。この方面にきわめて精通しているこの科学記者は、「カールスルーエの非合理主義」はヘーフェレ教授に責任がある、と名ざししてはばからなかった。この記者によれば、教授は「これまで増殖炉計画の費用、経済性、時期について一度も正確な予測をしたことがなく」「しかも相変わらず科学技術庁で多くの尊敬を集める顧問」におさまっている。

これほど辛辣に攻撃された当の本人は、その後も自己批判するわけでもなく、カールスルーエ研究所の首脳会議で、計画を批判するものをみな容赦なくセンターから追放する、と言う始末である。これは、有名新聞が気持のぐらついた原子力研究センターの研究員から情報を得た、と彼が推測したからである。

カールスルーエの原子力センターには六〇年代以後「公表規定」があり、それによれば、研究員の出版、講演、鑑定は、まえもって申請書を四通（元本は白、第一の複写は黄、第二は赤、第三は青）提出しておかねば許可されないことになっている。その申請書に三つの「査証」が捺されてもどってくると、それは申請者に対する青信号を意味する。しかし、異議を差しはさまれたり、出版禁止が申し渡されたりすることもまれではない。研究所の首脳部の研究方針にそわない点が問題にされるだけでそうなることもある。私はそのような例をいくつかあげることができるが、そうしないように言われている。それは当事者に「迷惑がかからないように」するためである。私がこれまでこのような自己規制をしたのは、全体主義的国家にある対談の相手を守らなければならない場合だけである。

カルースルーエのセンターの二、三のすぐれた研究者たちは、連邦政府が宣言した「より多くの民主主義を」という要求はなにより学問の領域で意味をもつべきであるという主張から出発した。そこで、彼らは、一九七三年一月、市民権を行使することにし、危険の多い事務的手続きを避けて直接バーデン・ヴュルテンベルク州の社会民主党の議員に訴えたのである。この秘密文書の写しはフランスの研究所で回覧されており、その内容の一部はわれわれにも知られている。そのなかには次のように書かれている。

「公表規定に従えば、操業上または開発上のミスがセンターの外部に洩れることは決してないでしょう。センターでの学問的活動が他の学問共同体や外の世界と生き生きとした相互関係を保つことは、完全に止められるでしょう。リッツ事件やユンク事件のように、講演の禁止は日常的に強化されるでしょう。それはまた、労働組合や経営協議会と同様に、ＶＷＦ（科学研究者連盟）が批判的な意見や抗議を世論に訴えることがもはや許されないということを意味するでしょう。たとえば、ヤンセン博士とシュテーフェスト博士の本は、西ドイツで計画中のある原子炉と環境の調和の問題を扱っていますが、この本は今日まで会社の首脳部に差し押さえられたままになっています」

一九七五年にニュルンベルクで「物理学会」の年次会議が開かれたが、この席で知り合ったカールスルーエの活動的な研究者の口から、研究センターとの関連で「兵舎スタイル」という言葉を初めて耳にした。私が司会をした国家と科学の関係についてのパネル・ディスカッションで、ボンの国会議員と物理学者との間で議論が交わされたが、このディスカッションのあとで、カールスルーエの研究者たちが私に話しかけてきた。「巨大科学」が高慢で官僚的な研究所と手を組んで、自由で批判的な研究にどれほど脅威をもたらしているか、彼らは具体的な例をあげて、私に示そうとした。

かつてドイツを支配していた精神的態度に今でも近い一団の人びとが、カールスルーエの原子力研究センターで先頭に立っていることを、彼らは当時ほのめかしていた。のちに調査をすすめていくと、残念ながらそれはまったく正しいことが判明した。

私はグルノーブルのマックス研究センターでローポール・ランジュヴァンから、ある「覚え書き」の写しを受けとった。その覚え書きは、あとでカールスルーエのセンターの管理者になったある人物が、一九四一年にパリの軍事政府の一員として自分の権限により当時の警察担当者に送ったものである。そのなかで彼は、パリの商店主に「ユダヤ人は立ち入りを禁ず」という看板を入口に取りつけるよう指示している。まさにこの人物がカールスルーエで働いている間に——私は彼の同僚が書いたものから引用するが——「外人はできるだけブロンドのスウェーデン人を雇い、バルカン出身の者は雇わぬこと」という命令を出したのである。彼は教授Xと共謀して、彼らに従順でない科学者を他の者にスパイさせ、「その発言をメモ」させている。

後継者がこの研究所でときに応じてどのように「教育」されているかは、私に委ねられた以下の報告から明らかである。

「実習生は職業教育をともなった講義を規則的にY技師から受ける。彼は管理者から、つまり人事部からそれを任されている。少しまえ、このY技師は講義の最中にナチ親衛隊を示すルーネ文字を壁に書き、自分はこの印を背広につけていて、この制服を着るとたいへん勇壮にみえると言ったそうである。またY氏は実習生に〝俺の体から三歩離れていろ〟と文句を言い、講義中に椅子にもたれることを禁じ、背中をきちんと伸ばして講義を聞くように命じた」

# 8

守秘命令や従属的態度と闘ってきたカールスルーエの科学者の緊急の呼びかけは、少なくとも部分的には徒労に終わった。なぜなら、今日でもまだドイツのあちこちの原子力研究所には検閲義務が存在し、これは技術の秘密保持という関心により正当化されているだけでなく、原則として内部の者の原子力問題への批判的態度を禁ずるものであるからだ。一九七七年五月十九日にボンの科学技術庁で専門家による討論がおこなわれ、ひき続いて「高速増殖炉」問題に関して記者会見がもたれたが、この席上、社会民主党のディーター・フォン・エーレンシュタイン教授は、将来の原子力開発についての公式の討論には「原子力開発についてなされたこれまでの諸決定を批判してきた科学者たちの参加もなにより必要である」という見解に賛意を表明した。彼はこれに二つの提案を加えた。まず第一に「物質的に最小限の備えを与えること」で、そのような科学者の批判的研究を可能にすべきである。第二に、学問的かつ公開の討論会では、「国立の研究所の多くによって〝検閲〟——というより〝口輪〟であると強調したいが——と解釈されている公表規定により研究所員の率直な意見表明ができなくなっているが、このようなことがあっては」ならない。

カールスルーエの原子力研究センターの所員は、さしあたりさらに二重の検閲下におかれている。まず第一に、センターは「インターアトム」社との契約により拘束されている。この会社は特に厳しい技術情報の秘密保持にとどまらない検閲をおこない、会社と関係のある専門家の意見や態度をチェックしようとしている。第二に、さらに一九七七年七月以来、これに加えフランスの原子力産業審査機関――検閲の厳しいことで名高い機関――が、共同決定権をもつようにもなった。この共同決定権はドイツとの新規協力契約により、彼らの権限となったのである。それらの機関は研究所員の出版物にあらかじめ目を通し、場合によっては公表を阻止することができるのである。

## 9

カールスルーエのこれらの諸事実が明らかになっていくうえで決定的な役割を果たしたのは、あるすぐれたフランスの物理学者で、この人物はつい最近まで「鉱山管理局」というフランスの政府機関にあって、核廃棄物の貯蔵に関する重要な研究をおこなってきた。彼はカールスルーエの研究所に在任中、考えられるかぎりのひどい扱いを受けてきた。一九七三年に、それまでの約束にもかかわらず、研究所の首脳により彼の契約延長はなされなかった。

レオン・グリュンバウム博士と名乗るこの人物をパリ郊外の住居に訪ねてみた。カールスルーエの出来事についてもっと多くの根本的なことがこの人からなら聞ける、と人に言われたからである。

事実そのとおりであった。グリュンバウム博士は西ドイツの原子力開発史について興味ある命題を立て、さまざまな人名や事実、事件をあげてその根拠とした。彼の考えによれば、周知のようにドイツ最初の原子力庁長官であり、一九六五年一月二十六日にドイツ原子力委員会の設立会議を自ら主宰したフランツ・ヨーゼフ・シュトラウスが、かつて第三帝国で指導的立場にあった人物をこの任務のために不思議なくらい数多く招いたのも偶然ではない。

議論と傾聴に値するこの命題に、私は最初異議を唱えた。「以前ナチスの大量虐殺に協力した企業人が私に言ったことがありました。でも、それは〝郵便ラッパの凍りついた調べ〟だ、と人は言うでしょう。しかし、彼らの理論は、今日の状況でなにかまだ意味をもっているのでしょうか」。「たしかにおっしゃるとおりです。これらの紳士が原子力産業にそれほどの関心をもってきたのは偶然ではないと私は考えます。以前だったら、権力と影響力でいつか他国を凌駕する基幹産業がここに成立するんだと彼らは言ったにちがいありません。それから、ひょっとするともう一つ別の動機があるのかもしれません。つまりいつか、原爆をもちたいというドイツ人の願望です。そこまでいかなくとも、もし必要となれば彼らに禁じられている兵器の生産がいつでもできるように、工業力を意のままにしておこうということです」。

私はさしあたりこの考えにたいへん懐疑的な反応を示した。いまでもこの見方に根拠があるかどうか私は知らない。しかし、根拠がないとは言い切れない推測がついに率直に語られるようになったことは、これまでのように、風評として広まるより好ましいように思える。ともかく、グリュンバウムの主張にも二、三の根拠がある。まず、カールスルーエの原子力センターとアルゼンチン、南アフリカ共和国、ブラジルといったいくつかの全体主義的統治体制をもつ国家間との緊密な結びつきをあげることができる。一九六九年にカールスルーエとユーリッヒに設立された「国際事務局」は、たとえば、人種政策のゆえに世界中からボイコットされているプレトリア政府が、カールスルーエで開発されたウラン濃縮用のベッカー型分離噴射法の提供を受け保有しているという事実に密接に関与している。さらにブラジルは濃縮装置のほかに、ヘキスト社とカールスルーエの研究所が開発した（レオポルト・キュヒラーが考案した方法による）再処理施設を手に入れることになっている。

アメリカ政府はやっと一九六四年に、とくにドイツが独自の再処理法を開発するのを阻止しようとしたことがあった。アメリカ政府は、当時すでに、再処理施設が建造され、それが世界中に拡散すれば、核爆弾材料のプルトニウムが生産可能になり、それがいつか悪用されることを恐れていたからである。しかし、ボン政府は、ヒットラーの経済的協力者であった連中の助言を得て、プルトニウム爆弾の製造に不可欠な技術の開発を進め、その生産と輸出が可能になるまでにした。さらにまた、カールスルーエで開発された遠隔制御装置（核分裂・溶解制御の機械化）の考案により、核拡散防止条約の交渉のさい、ドイツの交渉者はきわめて重要な成果を得た。このように国際的査察体制の枠のなかで、直接的な査察システムをつくり、プルトニウムが悪用されるのを未然に防ごうという当初の計画は、何よりも彼らの反対にあって挫折してしまった。言うまでもないことであるが、彼らはドイツ製の装置がそのような「偵察」にさらされることを望まなかったからである。

「二〇年代に、彼らがどれほどうまくやったかを思い出してください」、とグリュンバウムは私に言った。「当時ドイツの国防軍はヴェルサイユ条約でたった十万の軍隊しかもつことが許されませんでした。ある種の兵器をもつことはまったく禁止されていました。でも、ゼークト将軍はラパロ会議の後、ロシアと秘密条約を結んで、ソヴィエト連邦でドイツ人の精鋭部隊をつくることができたのです。核武装についても、何年もまえからアルゼンチン、ブラジル、南アフリカ共和国で似たようなことがおこなわれていることを正確に示すことができます」。

「もしそれが事実ならば、彼らを追いつめ証拠を奪いとり、彼らを沈黙させるでしょう」、と私は言った。「あなたはカレン・シルクウッドのことをお聞きになったことがおありでしょう……」。

彼は、ほかにはほとんどなにもない仕事部屋のあちこちに置いてある手紙、書類、コピー、切り抜きなどの山や、新聞、雑誌、本を指さして言った。「ほかに私が失うものといって、なにがあるのでしょう。私はドイツでの地位を失いました。ある方面からの圧力で、今度はフランスの国立研究所の仕事もです。妻は二、三週間前にここを出ていきました。妻には、私がもはや他のことを考える余裕もなく、他のところで仕事などできないことがわからないのです」。

二、三日前私は、「鉱山管理局」の若い研究者で、「地球の友」でボランティア活動をしているパリ在住のイヴ・ルノアールから電話を受けた。「私たちはレオンのために緊急になにかしなくてはなりません。彼は迫害され、彼の郵便物は検閲を受けています。二、三日前、彼の車のことで奇妙な話を聞きました。あの人は自分の知っていることをあまりにもたくさんしゃべりすぎたのです。それもしゃべっちゃいけない人たちにね。やつらにはなんでもできるんです！」。

またこれだ。私が二、三週間前にレフ・コワルスキーから初めて聞いたのと同じ言葉だ。以前ならば、この言葉が科学者の口から発せられたとき、それはまったく別の意味をもちえたであろう。科学は、人類があらゆる自然現象をきわめることができるという希望の表現でありえた。

しかしいまでは、この言葉は今日多くの科学者に暗い影のごとくつきまとっている状況を指しているのだ。

# 原子力帝国主義

# 1

一九四五年、広島と長崎の上空で炸裂した最初の原子爆弾によって、これまで経験したことのない不安に世界は包まれた。多くの命が一瞬のうちに奪われるという不安にである。数年後には、アメリカならびにソ連による水爆実験が、この不安を増幅させた――それは、全世界の人びとが一瞬のうちに絶滅するかもしれないという不安となったのである。

だれしも、そのような不安とともに長くは生きられない。そこで、人びとは、あらゆるタイプの爆弾を装備した二つの超大国が互いに対して抱く不安が、戦争の勃発を防げるだろうとの考えによりどころを求めたのである。「恐怖の均衡」――戦略家たちはそれを望んだのだが――が、超大国の兵器庫に貯えられた核兵器の実際の使用を差し止めるだろうというのである。

だが、このような見せかけによる安心は、ずっと前からもはや根拠あるものとはされていない。一九四九年から七四年までの四半世紀において、核爆発を起こしうることを示した国の数は、二カ国（アメリカとソ連）から六カ国に増えた。イギリス、フランス、中国、そしてインドが相次いで、おもなライバルとなった。七四年五月十八日にラージャスタン砂漠でインドの核‐構造物の実験は成功裡におこなわれたが、（これは配備可能な兵器のプロトタイプの誕生にすぎず）威力もとるに足らないものだった。しかし、この実験は、匹敵するもののないほど強力な爆弾の実験にもまして、専門家の間にきわめて深刻な懸念を喚起した。なぜなら、発展途上国インドの核保有国家群への仲間入りは、カナダから買い入れた実験炉の放射性物質とアメリカの重水によって可能となったのだが、それはインディラ・ガンディーの命により——あらゆる協定と約束に反して——強行されたものであり、一つの節目を告知することになったからである。すなわち、少数の核保有国が相互に牽制することのできた短い時代が終焉したのである。以来、予想もつかない世界的な核武装競争の時代が始まった。さらに、今世紀の終わりまでには、地域的、局地的な紛争においてさえ原爆が投入される恐れが近づいたのである。

「ブッダはほほえむ」——まえもって決められていたこの合図によって、インドの実験指導者は外務大臣に、実験の成功を知らせた。神聖冒瀆の権利が欧米によっていつまでも独占されつづけることはありえない。「このニュースを聞いたとき、私は、医者から悪性の腫瘍があると率直に打ち明けられた人のような気持になりました」、と核兵器の査察を主張する第一線の論客の一人であるユージン・ラビノヴィッチ教授は話してくれた。それは、私がその翌年アメリカの大学都市アーバナに彼を訪れたときのことであった。「人はそのような状況では、腫瘍の増殖を阻止することにどうにか成功してくれるよう望みますが、結局はほとんどもう不可能だということを知っているのです」。

ラビノヴィッチは、当時なお、『原子力科学者会報』の編集長であった。その表紙には、時計が印刷されており、その針は、深夜十二時の二、三分前を指している。破局の時に近づいているのだ。原子力をとりまく状況が緊張から解かれれば、針はそのつど、次の版では遅らせることになっている。インドの協定違反のあとでは、針をすすめなければならなかった。すなわち、「第二の原子力の時代」が始まったのである——「核拡散の時代」が。

## 2

一九五三年の秋、ホワイトハウスでの朝食会の際に、「平和のための原子力」というスローガンを掲げる大規模なキャンペーンが提案された。それは、さし当たっては機密事項として扱われ、「作戦フィーティーズ」という暗号名で呼ばれることとなった。というのも、朝食会での論議の時、ちょうどアイゼンハワー大統領がお気に入りの料理、正札つきのオートフレーク「フィーティーズ」を匙ですくっていたからである。こうして、「核拡散」と名づけられた、世紀の転換期の政治家たちに他の問題では起きないような頭痛を引き起こすことになる伝染病が、フェルトのスリッパをはいて世界にしのび寄って来たのである。

「冷戦下においては、なによりもまず〝広報作戦〟がすべてだと考えられていました」と、ポール・レベンタールは私に語った。彼は一九七六年、アメリカ上院の委託で、世界における核兵器の潜在的保有の脅威的増大と拡大について大規模な公聴会を組織している。「私は、ソ連の最初の水爆実験が引き起こした恐怖のあとで、国際連合の場で次のことを表明したいと思いました。つまり、アメリカ人は、〝勇敢な青年〟として、核エネルギーを平和的目的にのみ利用することを願うすべての人びとに知識、能力、さらにそのための経済的手段を提供する用意があるということを」。自国の特別顧問と二、三の外国の政治家たち（それにはとくにロシア人たちも属していた）の疑念をよそに、アメリカ大統領は五三年十二月八日、国際連合総会で次のように報告した。「アメリカ合衆国は、核エネルギーの平和利用が決して将来の夢ではないことを確信する。すでに実験ずみの科学的前提が、ここに、いま存在している。全世界のすべての科学者と技術者が結束して、実験を遂行し彼らの理想を発展させるのに十分な核物質を手に入れるならば、この精神的可能性が世界中で即座に有用なものとなるであろうことをだれが疑いえようか？　洋の東西を問わず、原子力に対する不安が国民と政府の念頭からなくなる日を一日も早く招来するために、いまできる確固たる歩みが必要とされているのである」。

本来市民の必要を満たすためにのみ考案された原子力産業を、原爆の製造に悪用する国家が現われるかもしれない、という明らかな懸念は、当時すでに表明されていた。しかし、新政策の推進者たちはこれを「根拠のないもの」として退けたのであった。すなわち、第一に、国際原子力機関が、査察と管理につとめる、第二に、アメリカが提供するはずの核物質は、核兵器にはまったく適合しないというのである。「発見されないことはないであろうが、煩雑で困難な、しかも費用のかかる処置」（ジョン・フォスター・ダレス）を経なければ軍事利用にとって必要な核爆発物をつくることは不可能である。したがって、こうした警告は余計であり、排撃されるべきだというのである。

核燃料サイクルの査察の問題は当時かなり重視されていたが、それに対して、原爆製造の困難さはほとんど無視されていた。今日では、核物質に精通している人物の一人、アルバート・ウォールシュテッター教授（シカゴ大学）は、次のように考えている。厳密な分析にもとづいて言えば、巨大核保有国とならんで、いまでは、数個の原爆を製造するのに十分なプルトニウムを調達できる国は十八を数える。さらに、一九八五年までには、およそ四十カ国が、原子爆弾を製造しうることになるであろう。ウォールシュテッターの見解によれば、「せいぜい十五個の爆弾しか所有しない」小国といえども、その脅威は超大国、あるいは中位の核保有国のそれに劣るものではない。核戦争という脅しによって隣国を制圧するには、それで十分なのである。

## 3

事実、「平和的核エネルギー」の無思慮な乱用が核兵器の拡散を促進し、人類の生存を危うくするかもしれないという可能性は過小評価されていた。このことは、最近にいたるまで――そして部分的には、今日においてさえ――多くの国々の政治家と政策決定者が陥っている重大な誤謬である。これはまず、非軍事的な原子力施設の拡散が軍事的政治的利用を帰結する可能性を見落としていることに責任があり、通常の原子炉で生産されるいわゆる原子炉産プルトニウムが原爆にはまったく不適切であるという――この間的確でないことが証明された――考えにもとづいている。たしかに、そのようなプルトニウムでできた爆弾は、軍事目的のために精製されたプルトニウムを充填したものの爆破力に達することはできない。高純度に達しないこうした核物質は連鎖反応をあまりにも早くやめてしまうからである。しかしながら、そのような幼稚な原子兵器でもＴＮＴ火薬千トンから二万トンの破壊力をもつ爆発をともかく引き起こしうるし、もしある都市の中心部上空で炸裂すれば、およそ十万人の人間が殺されることになる。

アメリカ人たちが、戦争中、最初の原爆の製造に従事したとき、予想されていた結果はまさにこの程度であった。彼らはまだ、当時のものの百～千倍も強力な爆弾には思いいたらなかった。われわれが広島と長崎の破滅で知りえたことは、今日の軍人たちによって「小規模なもの」とされている爆弾でさえ、なんと驚くべき「効果」を有しうるものであるかということであった。

アメリカは七月の終わりに、ネバダの実験場で「ふつうの原子炉でできる」プルトニウムだけをつめた爆弾を爆発させることに成功した、との声明が一九七七年九月に出されて以来、「通常の」原子炉産プルトニウムが軍事的に使用される可能性があることに疑問の余地はなくなった。このような爆弾に使用可能なプルトニウムは、なかんずく、ミューレベルク（スイス）、ビブリス（西ドイツ）、ラティナ（イタリア）、ヴァンデルロス（スペイン）、バルセベック一号機（スウェーデン）、高浜一号機（日本）、カヌップ（パキスタン）、アトゥーチャ（アルゼンチン）で、つまり、これまでにいかなる原子兵器ももったことのない国の「平和的な」原子力発電所で、今日すでに生み出されているのである。*

＊プルトニウムの分離は、もちろんそのほか——必要とあれば初歩的な——再処理施設においておこなわれるにちがいない。

だが、周知のように、主に「高速増殖炉」の建設による原子炉技術の「第二段階」が実現されれば、そのときには、いっそう高い効果をもつプルトニウムが生産され、循環することになるだろう。ウォールシュテッターは、一九七七年九月五日、イギリスの海岸都市ウィンズケールの新しい再処理工場の建設に関する公聴会で、次のように強調した（議事録番号五十八、三十七ページの写し）。「高速増殖炉は、開けばその内部に何百キロという〝兵器用〟プルトニウムを抱えていることになる。これは純粋プルトニウム239の九十六パーセントほどの純度であり、〝兵器用〟プルトニウムのための基準として使われる九十二パーセントよりも、純度が高いことに注意されたい」、と。

今日の民間の軽水炉で生じるプルトニウムが軍事目的に適合したものであり、危険なものであることが、「誤った情報」のために過小評価されていることをついに世界の世論に訴えるため、ウォールシュテッターは二、三の国々をとくに指摘した。彼は言う（議事録番号五十八、五〜六ページの写し）。「これらの誤った情報は、私の国やイギリスにおいて影響力をもち、またおそらくは、いかなる軍事的核エネルギー計画ももたない西ドイツのような国々において影響力をもったであろう。このテーマについていっそうの混乱が生じても、それに対する弁解は今日ではもはやありえない。にもかかわらず、それは現にある。……私が思うには、シュミット首相が彼のもとの専門的技術者たちから得た情報は、往々にして、まったく不十分な（致命的な欠陥のある）ものであった。たんに軍事的紛糾に関わることについてだけでなく、放射性廃棄物の処理問題やプルトニウムとウランの経済性についても同じことが言える」。

ウォールシュテッターは、何年もまえから、政府のための専門家として活動している。彼は、カーター大統領の核問題における主要な顧問の一人とみなされている。そして、おそらく、彼は「高速増殖炉」の開発と再処理工場の建設ならびに輸出に関するアメリカ政府首脳の態度に決定的な影響を及ぼし、世界中で非常な驚きをもって受けとられた拒否的声明を出させるにいたったのであろう。

アメリカ空軍の「思考工場（シンク・ファクトリー）」として長い間、戦略的のみならず政治的にも重要な役割を演じてきた「ランド・コーポレーション」（サンタモニカ）を訪れたとき、一九七〇年当時すでにウォールシュテッターは、「優秀な頭脳」のこの集まりのなかでももっとも重要な、そしてもっとも影響力のある人物であると映った。私は、彼が有名なハーバート・カーンだと信じて疑わなかった。「ランド・コーポレーション」時代の六〇年代にすでに一度、ウォールシュテッターはアメリカの政策の重大な変更を提議し、そしてついにそれをやりとげたのである。ずっと以前から戦略的に時代遅れとなっており、外交的に不利で、しかも莫大な費用のかかるアメリカ空軍のおびただしい海外基地の放棄がそれである。まさしく彼は、政策決定者たちへの助言という今日きわめて重要視されている方面で非常に多くの経験をもつ人物であるから、原子力の発展とその帰結を熟考するさいには、科学的助言の問題をめぐり決定権のある政治家たちについて彼が言うことは考慮に入れるべきであろう。

「政治的指導者たちが、このような決定のさいに直面する大きな困難は、諸問題がたんに錯綜しているばかりでなく、多くの知的領域と経験を前提としているという事実である。しかも、物理学、化学、原子力技術、兵器製造術、地質学ばかりでなく、経済学、プロセス工学、システム分析、そして政治的‐軍事的考察を内容とする幅広い専門分野にわたる知見と経験を前提としているはずである。何人も、これらすべての領域での専門家であることはできない。政策決定者は、情報を彼に伝える人びとの知識と経験ですら及ばない判断に、あまりにも安易に頼っている。……このことは、とくに、原子力技術の領域で当てはまる。というのも、核兵器の素材と作り方は秘密にされているからである」。その証拠として、同じ機会になされた、ウォールシュテッターの他の報告が役立つだろう。すなわち、彼は次のようなセンセーショナルな報告をしている。すでに第二次大戦の終結時に、ロバート・オッペンハイマーとその上司レスリー・グローヴズが覚え書きの形で、純度の低いプルトニウムであっても、素朴ではあるが兵器としてもっとも効果的な原爆を製造するには十分であると指摘しているというのである。この秘密にされていた情報が、一九五三年にアイゼンハワー大統領に知らされていたならば、あらゆる危険な結果をともなう「平和のための原子力」計画に対する彼の決定は、決して下されることはなかったであろう。

平和のための原子力技術と、戦争のための原子力技術が厳密に二分されると思うのは幻想であるという認識が、今後、核エネルギーの導入に関するすべての議論において、中心的な意義をもつこととなろう。この認識が実験によって証明されたのは非常に遅く、おそらくすでに遅すぎさえしたであろうが、なお今日でも周知のものとなっていると言うにははるかに及ばない。原子力産業を興そうとする国はいずれも、今後、以前とはまったく異なる疑惑の対象となることを覚悟しなければならない。このことは、再処理工場をもつ国家に、とりわけ、その歴史によって「好戦的かつ侵略的」だとみなされる国家に対してよりいっそう当てはまるのである。

たとえば、ウォールシュテッターが、「日本とドイツがもし原子力産業を計画通りに拡充するならば、九〇年代には、何千もの核弾頭を製造するのに十分なプルトニウムを手にすることになろう」と明確に述べたが、この言にはある意図があった。第二次大戦の終結以来、国際条約によって核兵器断念の義務を負った二国が、この義務からいつか突然解放されるかもしれないということを彼はいまはっきりと警告したのである。

ウィンズケール公聴会におけるウォールシュテッターやアメリカの核拡散問題の専門家トマス・B・コクランらの別の証言によって、この意図的に持ち出された「思考演技」は、いっそう危険な局面をあらわにする。証言によれば、原子力で武装していても、その国は決定的瞬間まで、すなわち、原爆の保有を初めて明らかにして威圧するか、あるいは使用する瞬間まで、その実態を否認することができるのである。

南アフリカ共和国とイスラエルのような国々が——専門家の間で受けとられているように——今日、このカテゴリーに属している。南アフリカの核保有が指摘されるのは自分と自分の国に対して不当であるとフォスター首相が抗議するとき、彼は文字通りある真実を語っている。彼の国は——そしておそらく、近い将来には、もっと多くの他の国々が——あらゆる部品をそろえ、核物質からなる炸薬を準備している「だけ」かもしれない。しかし、それらは、必要とあらば、数日ないし数時間のうちに作動する核兵器として組み立てることができるのである。

だが実際のところ、こうしたトリックでは、今日だれもだまされないし、知識の乏しい人でさえ欺かれることはない。特別の「専門用語」が、すでにそのような状態をさすのに使われている。禁止された兵器を部品の形で分散して貯蔵することは、「複線作戦」と呼ばれている。これと関連して、最近国際化学専門家会議の席で、将来の戦闘においては、公式に禁止が宣言されている化学兵器が再びある役割を演ずるかもしれないという懸念が示された。化学産業をもつすべての国々は、化合されないかぎり無害であるような化学薬剤としてそれを製造し貯えることができよう。だが「危急の場合に」化合されるならば、そこからたちまち恐ろしい毒ガスが発生することになろう。

# 4

一九七五年四月、つまりモガディシオの人質救出によって世界的に有名になるおよそ二年前、国境警備隊GSG9の「隊長」であったドイツ連邦共和国陸軍中佐ウルリッヒ・ヴェーゲナーは、一通の熱烈な賛辞の手紙を受けとった。それは、七七年十月にこの特殊部隊にそそがれた、すべての賛辞の前ぶれのように読めた。送り手は、ケルンにある南アフリカ共和国大使館付陸・空・海代表武官F・S・ベルリンゲンであった。彼は、「われわれの繊細な物品を、ケルンからゴデスベルク温泉に面する新しい大使館へ輸送するにあたって、貴下がわれわれに与えて下さった……援助に対して、もう一度お礼申しあげ」たかったのである。

この手紙のさきを読めば、そこで問題になっているのが陶磁器などではないことが明らかになる。「私は、それが、貴下の兵士たちにとって少なくとも一種の〝訓練〟となったことを喜ばしく思っております。私は、貴下の小隊長に同行させていただくという特権を与えられましたので、当然、このすばらしい行動の一部始終を目にすることができました。それは非常に感銘深く、なんの問題もなく遂行されたのです……この経験から、私は、次のことを確信しました。危急の場合だれであれ貴下の援助を請う者は、およそ得ることのできる最善の援助と最高に安全な保護者を貴下の兵士たちから与えられるでありましょう」。

この秘密の手紙の写しが、他の多くの手紙や覚え書きといっしょに、南アフリカの人種差別政策に対する闘いのために設立された組織「アフリカ民族会議」の手に渡った。これらの通信文はプレトリアの政府代表、ボンにいる種々の高級官僚および西ドイツにおける諸企業の経営者の間で交されたものであり、極秘にされていた軍需部門における両者によって長期にわたり秘密にされていた協力関係の実態を暴露し、その歴史的経緯を明らかにする。だが、ここで特別な意味をもつのは原子力の分野での協力関係の章である。この関係は、南アフリカの「原子力庁」長官C・D・ルー博士が、一九六二年西ヨーロッパへの情報収集旅行で得た最初の接触に始まり、ついに恒常的な協力にまで発展したものであった。この協力のおもな成果は、F・ベッカー教授（カールスルーエ原子力センターにある核処理技術研究所の所長）によって改良された分離噴射法にもとづくウラン濃縮のための巨大施設であり、これは七五年ペリンダバの南アフリカ原子力センターで稼働をはじめた。ドイツの研究者と技術者の援助によって獲得されたこの原子力開発能力があったればこそ、七六年にフォスター首相は、繰り返し次のように言明することができたのである。「われわれが関心をもっているのは、原子力の平和利用についてだけである。しかし、われわれはウランを濃縮することができる。……そして核拡散防止条約を批准してはいない」。加えて、彼が七七年十月の終わりに『フランス通信支局』によって公開されたインタビューで強調したことは、七七年六月のウィーンにおいてアメリカ副大統領モンデールと会見したさいに、南アフリカ共和国はいかなる核兵器も開発しないであろうとは「決して約束しなかった」ということである。

ボンが南アフリカとの数多い緊密な接触を、秘密主義や欺瞞や否認でつつみかくさなかったら、多くの誤解は避けられたであろう。それらは、のちになって現われた記録によって否定されたのである。そして、一九七五年にアフリカ独立運動の指導者たちによって指摘され、七七年、スウェーデンのステネク・セルヴェンカとイギリスのバーバラ・ロジャースの両政治学者により、さらに多くの証拠によって裏づけられた主張が大きな反響を呼んだ。それは、西ドイツに対して核燃料の供給を保証するだけでなく、独自の核爆弾の保有も可能にするという目的をもった「核の共謀」と「核の枢軸」が両国間に存在するということである。いずれにせよ、軍上層部、高官、そして財政担当官の相互訪問の事実を長い間否定してきたことが不利な要素となった。訪問のさいにはきまって、原子力研究所ならびに原子力施設の視察と関係者との会議が中心となっていたのだ。

とくに、指導的なドイツの政治家の南アフリカ旅行が注目を惹き疑惑を呼んだ。オットー・ラムプスドルフ伯爵（当時は、まだ経済相ではなく、党の経済政策スポークスマンであった）は、一九七五年二月に――アフリカ人の主張によれば、「南アフリカ政府の費用で」――ケープ州に滞在している。同じ年の四月二十四日、彼は第一六七回連邦議会で、ドイツはプレトリアのウラン・プロジェクトに参加すべきであると勧告した。ゲルハルト・シュトルテンベルクはブロックドルフに精力的に関わって以来、原子力の推進派として広く知られるようになった人物であるが、七三年八月と七五年八月に、アフリカの南端へ飛んでいる。二回とも彼は、ペリンダバの原子力センターにしばらく滞在している。

ドイツの最初の原子力庁長官であり、一九五六年以降国防大臣として西ドイツ核武装に携わったフランツ・ヨーゼフ・シュトラウスは、七一年以来少なくとも四回南アフリカを訪問しており、また南アフリカ共和国の原子力庁の指導者たちと数回、ミュンヘンで会談したことがある。

## 5

ドイツの原子力輸出政策は、商業的利益だけでなく何か別の目的を追求しているのではないかという疑念が、アルゼンチンにおける再処理実験工場への協力を今日まで極秘にしてきたという事実によって強められた。問題となったのは、カールスルーエ原子力センターによって開発された「ラペックス・ミリ」施設である。それは、バウムゲルトナー博士（ＫＦＫ核化学研究所）の報告によれば、一日に一キロの核燃料を加工することができる。有名なアメリカの雑誌『国際原子力工学』（一九七六年二月）に、西側世界の再処理工場および再処理プロジェクトの一覧表が記載されており、そこにこのミニ再処理工場の年間生産量が二百キロであると書かれている。この工場は、他の再処理装置の例にもれず、たびたび故障し、しばしば何カ月も休止しなければならなかった。しかし、アルゼンチンはこの工場で少なくとも十個から三十個の原爆製造に十分なプルトニウムを生産することができたと考えられる。

完全な原子力産業――ウラン濃縮から原子炉を経て再処理にいたるまでの――の技術供与についての契約が一九七五年西ドイツとブラジルの間で締結されたさいに、この事実は明らかに大きな意味をもった。というのも、ブラジルとアルゼンチンは南アメリカで激烈なライバル関係にある。ノーマン・ガルはこれについて、一九七六年夏、アメリカの雑誌『フォーリン・ポリシー』で、次のように書いている。「一九七四年五月のインドによる核実験は、アルゼンチンとブラジルに強い影響を与えた。すでに数年前から、両国は、核エネルギー分野におけるお互いの活動を疑いの眼で見守ってきた。そして、インドの核実験成功に続いて、どちらが先に原爆を保有するかということが、両国のエリートたちの食事中に交わされる一般的な話題になったのである」。

ところで、原子力技術の問題におけるブラジルとドイツの関係は、久しい以前から特別に緊密であった。すでに一九五三年、ブラジルの研究委員会の議長アルバロ・アルベルト海軍大将は、ドイツを訪問したさいに、ヴィルヘルム・グロートとパウル・ハルテックに会っている。ヨスト・ヘルビヒの重要な著作『連鎖反応』によれば、この二人の物理学者は、三九年春、第三帝国の国防省に書翰を送り、「核分裂の軍事利用に注意を促した」人物である。彼らは大戦中、「ウラン協会」の会員としてドイツの原子力プロジェクトを指導し、核兵器に不可欠のウラン235を分離するガス遠心分離装置を開発したのであった。ヒットラーの敗北の数年後、グロートがアルベルトと会見したときは、まだドイツ人による原子力技術の使用は禁止されていたが、南アメリカからのこの訪問者に、彼はすでに次のように説明していたということである。「あなたは、私にただ必要な手段だけを与えてください。そうすれば、われわれは原型を開発するでしょう。それから、われわれは皆ブラジルに出向き、お国で設備をつくりましょう」。

当時すでに、ドイツ人とブラジルの代表者との秘密協定が締結されていた。この協定によって三人のブラジル人化学者がドイツで特別の教育を受けること、そして十四のドイツの企業に必要な部品が発注されることになっていた。

のちに——と、ガルが、前掲の論文で述べているのだが——アルバロ・アルベルトは、ブラジル議会の調査委員会で、次のように説明した。「ドイツは戦勝国によって占領された国家である。あなたがたが濃縮ウランを生産しようとしていることが明らかになれば、国際的危機が招来されることになるだろう」。

この危機は生じなかった。アメリカ人たちは折よく、ドイツのある港で、グロートによって注文された部品がブラジルにむけて積み込まれようとしているところを発見し、最後の土壇場でこれを差し押さえたのである。

その後の一九七五年にブラジルとの取引が成立するとすぐに、ドイツは独自の核兵器能力の開発を第三世界を迂回して進めているのではないかという疑惑が広まったが、それはなんら驚くべきことではない。この場合、ボンが他の諸国の警告を意に介さなかったことは、周知のことである。その背後の意図が商業政策的利害だけだと信ずるわけにはいかない。外国の眼には、むしろ一つの政治路線を証明するものと映った。ボンにすれば「核の独立をめざす努力」であったが、古い友人たちからは権力政策的動機をもった無思慮な行動とみられたのである。それは、結局、ラテン・アメリカにおける核兵器の拡散を助長するにすぎないというのである。

## 6

「高速増殖炉」計画にたいするボンの固執は、イギリスとアメリカを特に刺激した。イギリス連合王国王立環境汚染委員会――「原子力と環境」について熟慮するために、政府によって設立された――は、一九七六年、著名な物理学者ブライアン・フラワーズの指導のもとで、次のような判断に達した。それは、イギリスの増殖炉の原型炉CFR1の建設計画は、「われわれを恐怖で満たす、きわめて重大な第一歩となろう」というものである。そのため、この計画は延期されることになった。大西洋の反対側ではカーター大統領が、マイター研究所の詳細な研究にもとづいて、クリンチ・リバーにおける「高速増殖炉」ならびにバーンウェルにおける再処理工場に対する大幅な国家援助の中止を勧告した。語気を強めて彼は、平和を脅かす危険が、このような原子力技術の輸出によって生ずる恐れがあることを世界に警告したのである。

こうした懸念にもかかわらず、ドイツ政府は「増殖炉」政策を放棄しようとはしなかった。ドイツは、一九七七年七月五日のフランスとの契約によって「高速増殖炉」開発に長期にわたって十億マルクの援助を与えることとし、フランスと手を組んでアメリカに対抗し、「ヨーロッパの戦い」を挑むことを決定したのである。フランスの保守的な雑誌『ル・ポアン』は、ヨーロッパ大陸の二つの偉大なパートナー（もちろんこの件以外では、原子力市場における激しい競争相手なのだが）が協力して世界における未来の技術上の指導的立場を確立しようとする努力と解釈した。

この権力追求は、過去のドイツの危険な拡張主義を思い起こさせないであろうか？　三〇年代に、ドイツ民族は、「国土なき民族」というスローガンによって領土拡張に駆り立てられた。今日、ドイツはやがて「電力なき民族」となるであろうと恐れられている。以前にはスローガンは、「ドイツはすべてを超える」ということであった。今日、それは「プルトニウムはすべてを超える」ということなのである。

一九七七年十月下旬、四十カ国がその代表をワシントンに送り込み、核の拡散を防止するために緊急に必要な基準を設定するため再協議したとき、カーター大統領は参加諸国に、「高速増殖炉」と再処理工場の開発を断念するよう重ねて訴えた。彼は、かわりに国際的監視下に置かれたセンター、一種の「ウラン銀行」を設置し、これを通じて核燃料のより安全な供給をおこなうことを参加諸国に提案した。また、参加諸国はその放射性残留物を自国では処理せず、アメリカに売り渡すことができるというのであった。

西ドイツはこのときもまた、慎重なカーターに対抗して、「高速増殖炉」に対するいかなる制限も望まない国々の先頭に躍り出た。ドイツの有力な日刊紙『ディー・ベルト』紙は、満足気に次のように書いている（一九七七年十月二十四日付）。「原子力会議は、まったく西ドイツの思いどおりにすすんだ。ワシントンでは、参加四十カ国すべてが、原子力政策における自らの選択権を留保することに賛成した。ロンドンの経済サミットでは二年後を目途に国際核燃料サイクル評価の研究を完成させることが決定したが、それまでは、プルトニウム・テクノロジーの発展を妨げることはもはやできないのである」。

ここで、ボン政府が経済的行為と解されるべき輸出政策が「誤解されている」と主張し、評論家たちがドイツに向けられた懸念に中傷を加え、あらゆる機会をとらえてそれを否定しようとしても、このドイツの政策の無害性を外国の世論に納得させることはできないだろう。ただ、核エネルギー計画の拡大に対するモラトリアムを実施し、ドイツの原子力技術の成果を世界に供給することを完全に放棄しさえすれば、世論も納得するだろう。将来、ドイツ政府がシュトラウスの影響のもとで現存の潜在的原子力を軍事目的に利用するかもしれないという不安をやわらげるには、こうするしかない。ドイツの政策のこういった局面は、やがて海外において、カプラーとシユタムハイム事件のときよりも、ドイツ人に対する不安と敵愾心を、いっそう増大させるであろう。「しかし、もしドイツ人たちがこの道をすすむならば、最終的にはやはり、彼らに従わざるをえないでしょう」と、あるアメリカ人は、ザルツブルクの原子力会議のさいに私に語った。「それでも、われわれはプルトニウム世界を阻止したいと思います」。

## 7

「プルトニウムはすべてを超える」という政策を支持するドイツ人たちは、人類を危険な、おそらくはもっとも危険な冒険に導くにちがいないという非難に対して、「保護」に関する国際的協定によって核兵器の拡散は阻止できると反論する。科学技術省長官マットヘーファーは、ザールラント放送の一時間の討論番組で、私がブラジルとの契約の危険性を指摘したとき、この論法で私を安心させようとした。

しかし、ドイツの原子力政策には、これまで、そのような国際的管理を支持するような兆候はなかった。正反対である！

「一九六七年は、見込みありそうには始まらなかった」。深いため息とともに、カール・ヴィンナッカーとカール・ヴィルツは、『ドイツの核エネルギー』と題する彼らの著書で、核エネルギーの国際的な安全性管理システムを保証するはずの核拡散防止条約に対する西ドイツの最初の反応をこう記述している。六五年八月以来、国連ではアメリカとソ連がそのような協定に取り組んでいた。この協定の目的は、民間の原子力産業が軍備目的に利用されるのを阻止することであった。最初の構想が他の諸国に伝えられたとき、ほとんどすべての国々はこれを批判した。まだ原爆を保有していない国々が、国際原子力委員会の係官の定期的な査察に服することになるのは確かだが、「原爆クラブ」のメンバー、核超大国はそれ以上査察されないというのである。

西ドイツは当初から、厳格な査察基準、とりわけワシントンが実施しようとした基準設定にもっとも強硬に反対した。「アメリカの態度に深く失望して、元連邦首相アデナウアーは、ジュネーブで〝第二のヤルタ〟が準備されていると不平を鳴らした。以来、アメリカとソ連の核紛糾を揶揄するこの言葉が流布するようになった」、と前述の二人の著者は回想している。その一人、カール・ヴィルツは、査察条約の提案文を「落胆しながら読んだ」あと、ただちにボンの連邦首相キージンガーを訪れた。そこで彼は、「防衛閣議」の席で提案について報告するよう頼まれた。この閣議は、その名称が表わすように、軍事問題を優先主題としなければならないもので、「平和的核エネルギー」の問題を論ずるには異例の委員会であった。

次の国際的交渉の場で、ドイツの交渉者たちは、その批判の矛先を何よりも「国際連合ならびにウィーンの国際原子力機関の指導下にある査察軍」（ヴィンナッカーおよびヴィルツ）にむけた。ドイツ代表は、費用がかかりすぎるということだけからも計画を断念すべきだとして、この費用が毎年の軍事予算の百万分の一にも達しないという議論を受けつけなかったのである。「そのようなことをすれば、産業スパイに門戸を開くようなものだ」という彼らのもう一つの異論の方が使用できそうであった。

核兵器をもたない指導的工業国として、ドイツは、条約の最終草案に、査察は「できれば」人間によるのでなく、自動査察・記録装置だけで実施されるべきだという主張を盛り込むことに成功した。こうして、国際的査察官の数を最少限に引き下げ、またその査察権をも最小限にとどめることができたのである。

こうした緩和措置によって、一九六九年に締結された「核拡散防止条約」（ＮＰＴ）は、無力な文書になってしまっている。総じてこれまで百五十五カ国中のただ九十五カ国が署名しているだけである。核保有六カ国のうちの三国（フランス、中国そしてインド）はそれを批准しなかった。エジプト、アルゼンチン、ブラジル、パキスタン、スペイン、南アフリカ、そして台湾のような、核兵器をもたないが原子力産業の発展に極力努めている国々は、「あらゆる可能性を保留しておく」ために、この条約に加わることを拒否した。また、部品の形で数個の原爆をすでに保有しているはずのイスラエルは、批准を再三再四延期した。

ウィーンの国際原子力機関の委託で世界をまわり、原子炉や濃縮工場、そして再処理工場の一部に検査印を捺したり、テレビ査察装置を取りつけ、なによりも核物質の出入に関する記録を検査する国際的査察官の数は、目下、およそ八十人くらいである。しかし、一九七六年には、コクランの言明によれば、実際に任命されたのはそのうち四十三名にすぎない。彼らは、NPT加盟諸国の、いくつかの大陸におけるおよそ四百の施設を検査し、査察しなければならなかった。彼らは違反を見つけ出しても、自分で追及してはならない。彼らはただ、違反があった国家当局に報告する義務があるだけである――おそらくそれは当局の紛糾を招くだけだ!――。違反はそれからウィーンに登録されはする。しかし、秘密にされなければならない。そのため、罰則を課されたり、国際世論の批判にさらされることすらもないのである。

それゆえ、核兵器開発能力を秘密裡に拡散することに対して、なんらかの徹底的な処置を講ずることはさしあたり不可能である。それだけに、この問題について論じられ、討議され、そして書かれることは数多い。今日、核兵器という蔓延する疫病は、三種類に区分されている。

- 核兵器をすでに保有している国家による核兵器のいっそうの生産と開発は、「垂直拡散」と名づけられる。
- 核兵器をいままでは保有していなかった国家による核兵器の購入あるいは製造は、「水平拡散」と呼ばれる。
- 個人ないしグループによる恐喝を目的とした核兵器の製造あるいは購入は、「非国家的拡散」と称される。これはたしかに、核兵器の拡散のもっとも恐ろしく、そしてもっともコントロールが困難な形態である。

フランク・バーナビー、ポール・レベンタール、ヨーゼフ・ロートブラットそしてウォルター・C・パターソン――警告している多数の専門家のなかから、たった四人の名をあげるにすぎないが――のような人びとを深く憂慮させ、絶望させてやまないのは、大量の原子力施設の建設によってウランとプルトニウムが不可避的に見当もつかず大量に濃縮され、そのストックが急速にふくれあがっているからである。彼らの主張によれば、短期的にはあらゆる種類の査察を強化すべきであり、長期的には「高速増殖炉」とそこから生ずる「プルトニウム経済」をいっそう断固として放棄しなければならない。

もし今日、計画中の原子力開発計画が継続されるならば、西暦二〇〇〇年の世界には、実にさまざまな大きさの千百万個の原爆を製造するに足る核物質が地球上に配分されるであろう。厖大な量の爆発性有毒物質の全体を見通し制御できるような、専門的知識を十分もち、買収されず、そして国際的安全という理念に身を捧げた人間がそもそも存在するであろうか？

増大する「核の無政府状態」と不確実性が世界的に広がっていく状況をみるとき、アメリカ原子力委員会初代委員長であったディヴィッド・リリエンタールの驚きが理解される。アメリカ上院の調査委員会から「核兵器の拡散」について問われたとき、彼は次のように告白した。「私は、私がもはや若者でないことを喜ぶ。そして私の孫をとても気の毒に思う」。

# 原子力テロリスト

# 1

ボンにおけるドイツ連邦議会が、この年のもっとも重要な会議のために召集されている。今日、政府は大部の決算報告書を提出し、論議に付すであろう。いつもは半ば空席であることの多い議員席は完全に埋まっている。傍聴席もそうである。政府の全閣僚は席に着いている。この会議がどれほど重要な意味をもつかということは、連邦裁判所判事、軍首脳部や連邦大統領が列席していることからもわかる。

連邦大統領は型どおりの開会の辞を述べ、それから連邦首相に発言を許す。首相が額の髪をなで上げ、眼鏡の位置を正し、謝辞を述べようとしたちょうどそのとき、鋭い爆発音が彼の言葉を遮る。強力な爆風によって議場の壁が数秒で崩壊し、出席者のすべてを埋めつくす……。

ドイツの場面に移されているが、この恐るべき光景は、アメリカ合衆国の指導的な原子力研究者セオドア・B・テーラー博士がすでに何年もまえから起こりうることを指摘し、アメリカ社会に恐怖を引き起こしているシナリオである。彼の恐ろしい想像とは次のような内容であった。もし、大統領の教書朗読中に、テロリストがワシントンの国会議事堂の周辺にめぐらされた立ち入り禁止区域の辺縁部でたった一キロトンの爆発力（広島型原爆の二十分の一）の原爆に点火しただけで、おそらく、このとき議事堂にいる人びとはすべて崩れ落ちる壁や火災や放射線によって死ぬだろう。これほど重大なテロリストの目標はほかには考えられない、とテーラーは言う。というのも、「まったくけちな核爆弾」のただの一撃で合衆国の指導者全員が一掃されるからだ。

「テッド」・テーラーがこの文脈で「けちな」という言葉を用いるのは、そのような残忍な武器のモラルについて言うためではなく、技術的完成度を表現するためである。テーラーは戦後世代のなかで、多分もっとも有能な原爆設計者とみなされている。もっとも小型で軽量な核爆弾から爆発力においてもっとも強力なものまで、ロス・アラモスの研究所の彼の設計にもとづいて製造されたのである。だが、彼の今日の名声――いっそう意味のあることだが――と彼の影響力は、彼の卓越した技術的専門知識と彼の優秀さにもとづくというよりは、むしろ社会的責任感から来る彼の恐怖観念に由来し、そのため彼は数年来、世論の神経を刺激しているのである。彼が提出する仮説は決してありえないことではなく、単純ではあるが途方もない結果をもたらす核爆弾が、ある程度の理解力さえあれば、どんな暴力主義者でもどこか裏庭や裏部屋で製造できるというのである。

長い間、この悲観論者はあわれみの微笑を投げかけられていただけであった。そして、私もまた最初は、テッド・テーラーを「妄想家」とみなす者の一人であったことを告白しなければならない。彼はウィーンの国際原子力機関に二年間滞在していたことがあるが、一九六七年に私に電話で、「ぜひ内密に」話したいといってきたとき、彼の名前は私になんの感銘も与えなかった。グリンツィンクの路地を散歩している間、彼がしきりに私に理解させようとしたのは、自家製核爆弾の危険について社会に対してぜひとも警告すべきだということであった。「狂信者や精神異常者や政治的に手段を選ばないことを決意した者たちのグループ」が爆発させる恐れがあるというのである。

このような話がもち上がった六〇年代当時、核爆弾の製造はまだきわめて困難な仕事であり、技術的に高度に発展した国のみがなしうることであるとみなされていた。それは大規模な工場とすぐれた能力をもった専門家の援助を必要とすると思われていたのである。また、この年代にはテロリズムはまだ時事問題とはなっていなかった。

テーラーが私に理解させようとしたのは、核爆発物の製造のために「核犯罪者たち」自らが大工場を建設する必要はないということであった。彼らは必要な量の核物質を窃盗や買収や略奪や襲撃によって手に入れさえすればよい。軍事的、平和的目的のために生産された核物質の貯蔵は、日々増加しており、今日まであまりにも貧弱な監視体制下におかれているので、「流用」は児戯に等しいというわけだ。完璧とはいえないが、十キロトンに達する爆発力をとにかく発揮する核爆弾を製造するには、どのようにすればよいかということは、原子力戦兵器と最初の戦後兵器の「秘密」が記載された文書を見ればたりるだろう。この文書は以前から機密扱いを解かれ、アメリカ原子力規制委員会から公刊されていたが、その後、部数は千倍にも達したのである。

「信じてください。このうち一つがどこかの都市の中心部で混雑時に爆発すれば、八つの街区が爆風でふっ飛び、数万人の人びとが即死するか、まもなく死に、汚染された地帯は長い間放置されなければならなくなるのです」、とテーラーはまるで講義している大学教授のように静かに説明した。私たちのまわりでは、酒飲みたちが笑い、議論しながら、新しいワインを飲み交わし、シュランメル四重奏団がいつものように新年のワインの気分をかきたてていた。

「あなたがここで説明されたことは私にはあまりにもとっぴに思われます。そのようなことを私は思い浮かべることはできないし、また考えたいとも思いません」、と私は当時答えたものだ。

「まったく、それなんです」と彼はあきらめて言った。その調子は、彼が説得を放棄したことを示していた。彼はグラスをかざした。「ともあれ、ご健康を！　といっても、まだ可能である間のことですが！」

## *2*

今日でも多くの専門家たちは、テーラーの不安が誇張されたものであると信じて疑わない。原子力産業は十分に遮蔽されているので、侵入者や盗人、テロリストたちが立ち入る隙はないと彼らは考えている。彼らは相変わらず、技術的能力とすぐれた設備が揃っていても、「個人的グループ」には核爆弾は組み立てられないと考えている。

だが、こうした楽観論者は原子力推進派の間でもますます少なくなってきた。その間、テーラーの主張は世界的な注目を集めただけでなく、高い評価を得るようになった。「核武装した悪意」の危険に関する彼の主張は、核兵器の拡散の問題に重要な新しい寄与をしたものとみなされている。彼は「合衆国原子力委員会」の委託をうけて、(ウィーンの国際原子力機関での経験にもとづき) 一九七一年に、核物質の悪用に対する安全措置に関する最初の研究を発表したが、内部では強い関心を呼んでいた。その後、フォード財団の後援によりさらに大がかりな研究がおこなわれることになり、「この職務上の悲観主義者」は、法律家であり軍縮専門家であるメイソン・ウィルリッチの協力を得て、研究結果を本にまとめることができた。

この新しい研究は『核物質盗難――危険と警戒』と題されているが、もられた内容はアメリカ合衆国を文字通り爆撃した――この表現がこれほど正確にあてはまるのはまれである。テーラーとウィルリッチによってまとめられた研究が、潜在的なテロリストに新しい着想を与えはしないかという恐れから、この研究はさしあたり公表されなかった。もっとも一九七三年の七月にはすでに――おそらく有名なコラムニスト、ジャック・アンダーソンによるすっぱ抜きによって――この研究のセンセーショナルな側面が世間に明らかにされた。翌年には――おそらく細部を若干削除したうえで――テキストの公刊が許されている。その間、テーラーは国家の職務を解任され、技術コンサルタント会社の所有者となった。彼はすべてを賭けて、これまで顧慮されなかった原子力時代の問題をこれ以上秘密にし続ければ、その危険は、この問題にあらゆる角度から徹底的に注意を向けることに伴う危険よりはるかに大きいことを、ワシントンの有力な人びとに信じさせようとしたのであった。

テッド・テーラーは並はずれた技術的能力をもっていたが、評価を得るまでの彼は「妄想」が災いして同僚たちの嘲笑を受けていた。ところで、彼の評価のこれほどまでの転換を示す典型的な例がある。それは、定期刊行物『現代人物伝』が現代人の経歴を集めたなかで、一九七六年に彼について記したところである。そこで彼は、学問上の同僚たちから「原子力時代が生んだもっとも空想力に富み、もっとも重要な物理学者の一人」とみなされている、と述べられているのである。

テーラーがこのような評価を受けるには、まず彼に対する信頼の妨げとなるいくつかの障害を取り除かねばならなかった。それまで支配的であった考えに対して、簡単な核爆弾をつくるには通常の原子炉産プルトニウム三〜十キロという比較的わずかの量で十分であるということを、彼は確信をもって示すことができた。彼がこの計算にたどりつき結論を得たのは、ロス・アラモス時代のことであった。これらの知見はなんらかの理由で秘密扱いにされたが、おそらく平和的核エネルギーの「安全性」に対する信頼を動揺させないためであったろう。彼が証明しようとしたことは、原始的な核爆弾を製造するには、高度の能力をもった多数の科学者や技師の仕事を必ずしも必要とせず、関連知識をもち、技術的にふつうの能力のある者たち数人で十分であり、失敗や事故の場合の犠牲を覚悟しておりさえすればよいということであった。彼は、そのような爆弾の組み立てのためのもっとも単純な「処方箋」があることを証明しなければならなかった。彼はまもなく、原子力規制委員会の安全部門の長であるカール・H・ビルダーのような専門家にも、彼の仮説の正しさを確信させることができるようになった。そして最後に、彼は、核物質の保管庫、原子炉施設や核物質輸送の監視がいかにずさんであるかを示すことができた。こうしたことの証明は、七〇年代初めにはたやすく提出することができた。当時は、手はずをととのえた核強盗が核物質に近づくことなどまだ児戯に等しかっただろう。

## 3

テーラーがこれらの証明を印刷して提出したとき、責任ある人びとはこれまでの軽率さを知って、遅まきながら強い恐怖感が全身をつらぬくのを覚えた。アメリカ人特有の驚くべき弾力性と機敏さで、彼らはただちに、新たに認識された問題に照準を合わせた。CFE（秘密核物質）に対する戦略の開発が、一九七三年以降独自の研究方向のおもな関心事となった。国内の敵に対する「軍備」はますます「国外の敵に対する軍備」と同様の性格を帯びてきた。司令部における集中的な作戦計画、もっとも近代的な技術的装備、電子工学に支えられてきた通信業務、侵入と「戦争ゲーム」等々にそれはみられる。もっとも、最後のものはこの場合、より正しくは「内乱ゲーム」と名づけられるべきであろうが。

このゲームでは、大衆の蜂起ではなく、「決意を固めた集団」が考えられている点が異なっている。原子力施設に押し入り、危険なＳＮＭ「特殊核物質」を奪うのには、三ないし六人の攻撃者だけで十分であろうか。少なくとも十五人の決意を固めたテロリストが必要であろうか。彼らの戦術、彼らの装備はどのようなものであろうか。このような問いとその他の疑問が、そのころサンタモニカの「ＲＡＮＤ機関（研究開発機関）」やアレクサンドリアの「ＢＤＭ機関」、ワシントンのＯＴＡ（技術査定局）の特別課などの国立の機関が研究させていたものなのである。

これらの破局研究に共通の出発点は、技術の進歩と集中がこれまで考えられなかったほどに社会を傷つきやすいものとしてしまったという認識である。それゆえ、わずか一握りの革命主義者たちが生産、エネルギー、交通の中枢神経を攻撃できれば、彼らは、今日すでに原理的にいって全都市、国家を麻痺させることができるであろう。長期的にみれば、さらに次のようなことが重苦しさを増すとは、Ｒ・Ｗ・メンゲルがアメリカ司法省によって委託された研究『テロリズムと新たな破壊技術』のなかで述べているところである。「近い将来、テロリストたちは新しい技術を応用しはじめるだろうし、核物質、化学的・生物学的物質を利用する武器の調達に専念する恐れがある。たとえば、……高エネルギー・レーザー光線や核兵器等々である」。一九五六年から七五年にかけて、メンゲルは四千五百のテロ行為を調査し記録した。その記録は、最新の妨害工作がどのようなものであるかを呈示する恐怖目録であったが、なかでもはっきりと憂慮されるのは原子力テロである。というのも、われわれの時代には、核爆弾による威嚇は、たとえば飲料水の中にボツリン酸をそそぐぞという脅しとは比較にならぬほどの恐怖を呼び起こすからである。ボツリン酸はプルトニウム以上に毒性があり、おそらくよりたやすく手に入れることができるであろうが。

## 4

テッド・テーラーは、一九四五年、ラジオで広島への原爆投下を聞いたとき、両親宛に興奮して手紙を書き、恐ろしい核兵器に対する不安がすべての戦争を無意味とし、したがって不可能にすることを望む、と無思慮にも述べたものであった。今日、彼はなによりも核による内戦を阻止することに協力しようとしている。核兵器がどんなことでもしようとする変人や政治的少数派の手に落ちないよう、彼が熱心に警告する目的は、安全性の措置を強化し、はるかに厳重なものとすることによって、核物質の横領や窃盗や暴力的な略奪の恐れをすべて断ち切るということにあった。

事実、彼の暴露によって衝撃を受け、アメリカ合衆国は「対内的再軍備」を実際に発動させることになった。だが、一九四五年に巨大な原爆に戦争の阻止を期待したにかかわらず、その期待が満たされなかったのと同じように、「社会的平和」の全面的保障を確立するという彼の今日の希望も、敬虔な願いにとどまらざるをえないであろう。なぜなら、「対内的軍備」は、長期的視野でみれば、どんなに骨を折っても、「対外的軍備」と同じく確かな安全性を保障することはできないからである。テロの脅威と対抗措置との葛藤は、諸国家の内部でも勢いを増しつつ渦巻きはじめているのだ。攻撃する側も防御する側も、反撃する者も守備する者も、よりいっそう強力な手段を手にしなければならない。国家の保安機関が精巧をきわめた防衛技術を用い、より鋭敏な監視、防衛処置をとろうとも、それは反対者を刺激して、より残忍な新兵器を考案させ、目的の達成に邁進させるだけである。

その都度の支配的な秩序の擁護者は、もちろん、テロリスト・グループが考えそうなすべての計画や策略を先取りし、想定し抜き、それに備えようとする。だが、他人が死にもの狂いで描く想像は、そうでない者にはある程度のところまでしか思い描くことができないのがつねである。テーラーとウィルリッチが提言したように、実際に核エネルギーに関する全経費の一～二パーセントが、もっぱら保安措置の強化にむけられる場合でも（それは今日すでにすくなくとも数十億ドルになるであろう）、あらかじめ算出しえない逆襲をつねに考慮しなければならない。

したがって、原子力産業につきまとうのは技術的安全確保の領域の不安定要因だけではない。これに加えて、すべての政治的、社会的緊張状態のなかで起こりうる「外部からの影響」という重大な危険要因と対決しなければならないのである。危惧すべきことは、このような予測できない危険は、とりわけ不安定な時代によりいっそう大きくなり、計算しえないものとなるということである。

「戦争ゲーム」は――すでに考察されたように――技術的、社会的立案者たちの方法の一部をなし、予見しえないものを把握するためのものである。今日、この方法はあとを絶たない「内戦」においても活用されている。というのも、これを採用すれば、「安全性の欠陥」を解明できると思われるからである。アメリカ上院における政府活動調査委員会で、サンディア研究所（アルバカーキとリバーモア）の核防衛システム研究所の所長であるオーヴァル・E・ジョーンズは、一九七六年一月二十八日、研究所ではすでに少しまえから組織的な「流用ゲーム」がおこなわれていることを明らかにした。この「ゲーム」では、いわゆる「黒帽チーム」が原子力施設に関する秘密の情報を手に入れ、「テロリスト」として現にある防衛施設を乗り越え、これら繊細な設備の内部に侵入し、妨害工作をおこなうか、プルトニウムを奪取するという想定である。このような演習において、彼らはプルトニウムの奪取にたびたび成功したのであった。

## 5

アメリカ合衆国における「原子力システム」の最大の弱点とみなされるべきものは、毎日のように国中の道路や鉄道、飛行機でおこなわれている無数の核物質輸送である。核エネルギー要塞が堀や幾重ものフェンス、壁、有刺鉄線、電気警報装置によって囲まれているのに比べ、輸送中の核物質は決意した一味の路上襲撃に対して防衛することはまったく難しい。こうした場合のこれまでの対応策といえば、重装備した特殊装甲車（安全保証付きトレーラー）を製造することであった。それは通常のキャンピングカーに擬装されていた。報告によれば、「爆弾に対して安全で」あり、攻撃を受けた場合は、煙かガスの幕によって覆われ、遮られることになっている。原子力問題における安全策の立案者にとってよりいっそう重要に思われるのは、将来護衛つきにするしかない輸送車に電子位置測定装置と警報装置を装備し、攻撃が成功してＳＮＭ（特殊核物質）が強奪されても、できるだけただちに交通が遮断され、追跡措置が開始できるようにすることである。このために、アメリカ合衆国では、とくに特殊な無線通信網が張りめぐらされ、護衛車の運転手と武装した要員は、管理局とつねに接触をとりつづけなければならないのである。今日、この要員はエネルギー研究開発局（ＥＲＤＡ）の厳選をへて、その監督のもとで仕事についている。「私が道路沿いで用をたすときでも、センターにいる連中は私のすることをすぐに知ってしまう」とある長距離トラックの運転手が嘆いたものであった。

だが、今日では、危険な核物質を調達しようと思えば、核施設や輸送車を襲撃するよりもはるかに簡単な方法がある。政治学者デイヴィッド・クリーガーは、サンフランシスコのカリフォルニア州立大学の「国際関係センター」のかつての所長だが、一九七七年の三月に、従来顧みられなかったプルトニウムの入手先に注意をむけた。著名な『アメリカ政治学・社会学アカデミー年報』において彼は警告している。「プルトニウム238はプルトニウム239よりおよそ二百八十倍毒性が強く……注意に値する。というのも、これは心臓調整器（ペースメーカー）を動かすのに用いられているからである。どの調整器にも約四分の一グラムのプルトニウム238が含まれている。ウィルリッチとテーラーが（プルトニウム239に換算して）おこなった試算によれば、一つの調整器の四分の一グラムのプルトニウム238が飛散するだけで、三万七千五百平方メートルにわたって致死量の放射線をまき散らすことができる。……テロリストたちが、不幸な犠牲者の胸部に挿入された調整器を取り出し、重大な結果をもたらす放射性兵器を入手する恐れをなくそうとすれば、それはこの上なく無謀なことであろう」。

## 6

アメリカ合衆国では、現在、プルトニウム238で動く心臓調整器の月間生産数が初めて二十個となった。将来、数千、数万個になろう。というのも、バッテリーを動力源とする型はしばらくすれば寿命が尽きてしまう。ところが、プルトニウム調整器をつけた人は生涯作動することをあてにでき、二、三年ごとの更新のための手術も不要となるからだ。

こうした長所を持つにかかわらず、おそらくプルトニウムによって作動する調整器の生産はまもなく禁止されるであろう。すくなくともクリーガーの出版以来、これはとりわけ「テロの恐れあり」とみなされている。関係者が禁止処置を安全という観点から分かりやすくやむをえないこととして受け入れるのは間違いない。

本来なら、こうした見解は原子力施設の擁護者たちからも期待されてよいはずである。彼らが理性的であり、頑迷でなく、保安措置の効果について幻想を持たないならば、彼らは、今日の世界情勢のなかで、危機に瀕した巨大技術の「調整器」ともいえる原子力発電所の建設を断念するはずだ。壁やフェンスや堀をめぐらし、防衛隊を強化することによって、おそらく外部からの危険は高い確率で防ぐことができよう。だが、それは内部の敵からの守りにもなるであろうか。裏切りによってまたたくまに陥落した城塞の数は歴史上数限りない。「対内的軍備」の戦略家たちは、この問題を知りつくしている。したがって、彼らの「戦闘シナリオ」では、変節者や、攻撃側と行動をともにすることのできる「第五列」の隊員が重要な役割を演ずるのである。すくなくともすでに、「内部の者」による核物質の横領の例として特定できる事件が起こっている。ヨーロッパ原子力共同体のイスプラ原子力研究所の所長であるエリオドール・ポーマーは、一九七四年に放射性物質をもったまま失踪した。おそらく彼はそれをネオ・ファシストの反乱に提供しようとしたのだろう。

マイケル・フラッドは、「原子力妨害」の問題に深くかかわった若いイギリス人である。彼はある対話のなかで、私に一つの不安を語った。原子力発電所防衛部隊は――一部に職務上あるいはその他の面で失敗を経験した者や不満をいだく者を含む独特の人間社会であり――そのなかではしばしばファッショ的な傾向が確認されるというのである。原子力施設の、とりわけ熱心で「尖鋭な」防衛隊員たちが、「破壊的要因」に対する政府の処置の手ぬるさを批判し、ただちにある処置が厳格な規律のもとにとられなければ管理している施設のすべてを暴走させると威嚇することも考えられないことではない、と彼は主張する。全体主義的な「左翼政体」内部の権力争いの際にも、核施設の保安隊を支配しているグループが原子炉に対する処分権をイデオロギー闘争の武器にすることがあるかもしれない。一九五三年に、ソヴィエト連邦において、ベリヤが、当時まだそれほど多くなかったソヴィエトの原子力施設の保安部隊の長を解任されるに際し、このような立場を徹底的に利用していたとすれば、この問題は現実となっていたであろう。

無数のシナリオのなかには、真実らしいものもあるが、どうみてもありそうにないものもある。だが、考えられるすべての脅威が演じられているのは間違いなく、原子力帝国（アトム・シュタート）における「内戦」の戦略家たちは、ともかくこうした可能性と対決しなければならない。核を用いたテロ行為によって引き起こされるばく大な危険に関して、彼らはおよそ起こりうることのすべてに対する覚悟をひたすら固めておかなければならない。というのも、攻撃者が利用するであろう「人質」の数は数千という数にのぼる恐れがあるからである。

原子力テロ時代の状況がどのような光景を呈するかを、マサチューセッツ工科大学の原子力・高エネルギー物理学科の主任であるベルンハルト・フェルト博士が印象的に描き出した。「私は諸君に私が見る悪夢の話をしたいと思います。ボストン市長が私を緊急会議に呼び出します。彼はあるテロリスト・グループからの通告を受け取ったのです。それによれば、ボストン中心部のどこかに原爆がセットされているというのです。市長は、二十ポンドのプルトニウムが政府貯蔵のものから消失していることも確認しました。彼は見取図が描かれた青写真とテロリストたちの不快な要求を私に示します。最初の原爆の製造に参加した者として、私はこのようなものでも機能するだろうということを知っています。もちろん異論がないわけではないでしょうが、にもかかわらず恐るべき結果が生じるでありましょう。私は市長になにを助言すればよいのでしょうか。恐喝には屈服すべきでしょうか。さもなければ、私が住んでいる町が破壊されるという危険を冒すべきでしょうか。私は市長に降伏を勧告するでしょう」。

「騒擾とテロリズム」について一九七六年にワシントンで公表されたアメリカ政府の報告書は、とくに、「核兵器、核物質、生化学的絶滅兵器を使用しうる」との通告があった場合、その信憑性をどう評価するかという点に立ち入っている。「そのような脅迫のなかには、SFめいたものがあるとしても……、より現実的かつ正気でありうるところをとり違えないように」と文字通り警告されている。「……新しい大量破壊技術による脅迫は、それによって発動する警察活動に対しても重大な挑発とみなされるべきである。破壊が拡大する恐れのある場合でも、行動を差し控えることは許されない」。

## 7

核にかかわるいかなる偶発事故も、一定の警察部隊と軍隊の出動は避けられない。このことは、核エネルギー国家において、今日すでに仕上げられている計画によってあらかじめ考慮されていることだが、従来このような命令が下されるのは革命的状況に限られていた。脅威の内容が、実際に核兵器が仕掛けられるという最も深刻な事態か、核施設の爆破の最後通告であるか、あるいは核輸送に対する襲撃であるかは問題ではない。貯蔵庫検査によって数キロのプルトニウムの消失が確認されれば、その時点で緊急事態を布告するに十分である。スタンフォード大学（カリフォルニア）で法律学の講座をもつジョン・H・バートン教授は『核保安策の強化と市民的自由』という研究を、一九七五年に「原子力規制委員会」の要請を受けてとりまとめたが、そのなかで彼が明言しているところでは、そのような偶発事故が起これば、いたるところが「反撃力」によって占拠されなければならない。路上には装甲車が並び、空にはヘリコプターが騒々しく舞うことになろう。捜査隊はすべての街区、家々を「徹底的に検査」することを命じられるだろう。このアメリカの法学者は、市民的自由と権利の制限、場合によってはその侵害が必要となるのは、極端な「偶発事故」、たとえば原子力発電所への妨害工作による人口密集地帯の疎開といった場合だけであってほしいと希望する。だが、配置された部隊が、テロリスト・グループとの戦闘に

「とりわけ殺人的な兵器を使用することによって」、罪のない者や関係のない人びととの権利をも損うことがありはしないかと恐れる。「殺人的な兵器使用」とは「殺人」を表わす官僚式の遠まわしな言い方である。

なかでも「私設警備隊」を、バートンはこの点で危険とみなしている。経験に照らしてみて、彼らは職業警察官や兵士ほど慎重ではない。緊急の場合には、彼らは、消失したプルトニウムの行方を自白させるため拷問に訴えることがありうるとバートンは指摘する。あとになって人びとはこうしたやり方を遺憾に思うにちがいないが、こうした状況下では否定できないものとして正当化するだろう。

核にまつわる事件の中で、もっとも無気味なケースは、テーラーが、ワシントンの政府所在地に対する暗殺計画という戦慄すべき想像のなかで描き出したように、具体的な脅迫的要求や事前の通告なしで核爆弾が起爆される場合である。彼の見方によれば、このような行動は無意味なやり方に見えるが、狙った社会組織を残忍な一撃で「打ち首にする」という考えぬかれた目的をもつものである。この一撃で、人びとは不安と恐慌に支配されるだろう。正体のつかめない者による攻撃は、核戦争のとくに陰険な形態である、とカリフォルニアの心理学者ダグラス・ドゥ・ニケーと他のテロ専門家の理論は述べている。攻撃する者にとっての利点は、とくに国家間の同盟関係が絡む場合には、攻撃された国が報復手段をどこにむければよいか特定できないというところにある。こうすれば、核兵器による報復は実際的には無効になるであろう。

従来仮定にすぎなかったそのような偶発事故が現実的になるにしたがって、もともと不明瞭になっている内戦と対外的戦争との境界が曖昧になりはじめている。デイヴィッド・クリーガーは、こうした状況を示すために、「短篇シナリオ」のなかでアメリカ合衆国への原子力テロをいくつか描いた。

- アメリカ企業が所有するフランスのある工場が、酸化プルトニウムによって「汚染」される。テロリストたちは、合衆国政府が従来の政策をきっぱりと改めなければ、外国にある他のアメリカ企業に対し同様の手段をとると脅迫する。
- 日本の神風特攻隊員がアメリカの原子炉に飛行機を墜落させ、炉心部の溶融を引き起こす。
- ドイツのテロリスト・グループがオランダの政治犯の釈放を要求し、ヨーロッパにあるアメリカ大使館を核兵器で爆撃すると脅迫する。
- 酸化プルトニウムを手に入れた国際組織が、ラテン・アメリカとアジアにあるアメリカの基地をプルトニウムで汚染する。この組織は、アメリカ合衆国が核兵器庫をヨーロッパから撤収するまで汚染すると脅迫する。

## 8

将来、原子力発電所で働く者が、入口で人間によって検査を受けることはなくなるだろう。というのは、人間は不注意で、買収される恐れがあり、妨害者と同じ意見の持ち主である可能性もあるからである。そのかわり、労働者は狭く人気のない、ネオンランプで照らされた部屋に入る。そこでは三つの装置が彼を待っている。最初の装置のところで、彼は四桁からなる「自分の」訪問者番号と識別番号を入力し、機械的な声がゆっくりと四つの基準語を言うまで待つ。この言葉を彼は大声でくり返さなければならない。その内容は重要ではなく、復唱の際の話し手の「声紋」が重要なのである。それは数秒で記録され、コンピュータに記憶されている個人の「声の輪郭」と比較される。

金属的な「ありがとう」という言葉は、この最初の検査が合格であったことを意味する。第二段階として、原子力発電所に入ろうとする者は、開いたボックスで自動筆跡検査機に接続している下敷に自分の名前を書かなければならない。この装置が記録するのは、書面への筆圧が「ふつうと同じ」であるか、筆者のペンの上げ下げする回数がいつもと同じかどうか、ということである。最後に、指紋鑑別機が「オーケー」を示したとき、黄色の「身元確認完了」という文字がまばゆく輝いて、内部への通路が開くのである。

ポーツマス（ニューハンプシャー）近郊の「ピーズ空軍基地」では、公称九十八パーセント信頼できるこの「門番」が一九七六年以来テストされている。将来、これはアメリカの原子力施設の標準装備となろう。安全性の専門家が主張するには、この装置の故障は平均して十二万五千人に一人の割合でしかない。もちろん、まだ補修されるべき細部が二、三あることは確かである。

外国人や外国生まれのアメリカ人は故意ではないがよく語調を変えるため、しばしば検査の際問題となった。また女性も信用できない。女性の署名には微妙な差が現われやすいからである。

「私たちは、原子力施設内のできるだけ多くの事柄を、人間ではない協力者、すなわち機械にゆだねなければなりません。こうすればより確かになるだけでなく、安あがりでもあります」と私に説明したのは、有名なロス・アラモス実験所の核保安企画所長G・ロバート・キーピンである。彼は堂々とした人目をひく金髪の持ち主で、その口からは楽観論がほとばしり出る。人は、彼が電子検査装置による遊びを無邪気におもしろがっているのに気づくだろう。目下、保安機関は、彼に大きな期待を寄せている。というのも、彼の有名な「ダイマック・システム」（動態的物質管理）が、核工場に装備されている数十種の電子工学的監視装置を一つの監視網に統合するものだからである。この方法によれば、それぞれの処理段階にあるウランやプルトニウムなどの核物質が数グラムの破片にいたるまで正確に把握されることになる。そのようにして得られたデータは、次々と特設のコンピュータ・センターに送られる。センターは全工場から送られたすべての数値を比較・吟味することによって、プルトニウムの最後の微粒子にいたるまで恒常的に管理下に置いておくこともできるとされている。

「ダイマックス・ハウス」、すなわちロス・アラモス近郊にあるこの施設の原型は、数百万ドルを呑み込んだ。この装置はアメリカ合衆国の原子力施設に引き渡され、その後世界中に輸出されることになっている。すべての監視システムのなかでおそらくもっとも完全なこの装置の目的を、キーピンはつぎのように書いている。「監視人と特殊な入構保安装置や武器は、外からの公然たる攻撃に対する防衛のために必要である。しかし、われわれは狡猾なやり口に対しても防衛しなければならない。たとえば、いつも少量の物質を着服している施設従業員の窃盗に対してである」。

ところが、ウランやプルトニウムは、生産過程においてまったく自然に消滅しもする。多くのパイプやタンクの内側に付着したままでいるのである。このような残滓は歳月が経てばかなりの量にのぼる。アメリカの「原子力規制委員会」の報告によれば、一九六八年から七六年にかけて、委員会によって管理されている原子力施設から五百四十二キロの濃縮ウランと三十二・八キロのプルトニウムが消滅した。SNM（特殊核物質）が合法的に「失われた」のか、あるいはすくなくともその一部は盗まれたものかをどのようにして知ることができよう。これを突きとめる分野は、ここで管理されるべき物質が潜在的な危険性を帯びているという事情から、揶揄「ムッフォロジー」と呼ばれる独自の学問となっている。MUF（Material Unaccounted For）とは、核物質の精算にあたって、その所在を確証できない不明物質量を表わす記号である。一般に一パーセントまでの物質の消失は疑わしいものでないとされている。とすると、核燃料サイクルのすべての部分において生産量が期待どおり上昇し、将来、年当たり、数キロのプルトニウムが残留するようになれば、数キロ単位のプルトニウムの残留が明らかには証明できないことを意味している。どこかプルトニウムの闇取引所に流されたのかもしれない。原爆をまだ保有してはいないが、まもなく生産しようとしている某国の金庫におさまっていることも考えられる。一部はすでにテロリストたちの手に落ちているかもしれないのである。

「呪われた残留物の行方をわれわれがいずれつかんだとしてもおそらく手遅れでしょう」と、ポール・レベンタールは私に語った。核拡散の危険についてアメリカでの「公聴会」を準備したことから、彼はこのこみ入った問題にとくに鋭い洞察をもっている。「たった二、三キロ、事情によっては二、三グラムですら恐ろしい災禍を引き起こすことのできる、高感度の危険な物質を何トンも生産するような産業をわれわれがつくることは、もともと不合理なことであります。そして、事がそこまでいかなかったとしても、どれほどの不安の洪水となだれを、この呪われた新しい技術は世界中に及ぼしたことでありましょうか」。

テロ問題の心理学的分析の開拓者であるフリードリッヒ・ハッカーが、起こりうると仮定される原子力テロリズムの悪夢について語ったところでは、まずわれわれは完全な警察国家の理念をもてあそぶことをやめさせなければならない。第二に、われわれは、テロリズムの基盤を奪いとるために、全精力を傾けて不正な社会的条件を除去することに努めるべきである。

だが、私はこれに第三の条件として、無条件につぎのことをつけ加えたいと思う。地球上で生産された核物質は決してこれ以上増加させてはならない。というのも、プルトニウム一キロごとに悪用の恐ろしい危険が増すからである。

# 監視される市民

## 1

「核時代。わたしたちはすべてこの船に乗せられているのです。それはもう走り出しています。その舵をとっているのはだれでしょうか。この航海を考え計画したのはだれでしょうか。専門家たちでしょうか。テクノクラートたちでしょうか。専門家政治（エクスペルトクラティー）でしょうか。この最後のものは妖怪のような観念でありますが、すでにわたしたちの現実の一部となっているのです」。聴く者の心を突き刺すようなこの問いは、一九七七年の聖霊降臨祭の月曜日に、オットー・F・ヴァルターというスイス人作家が、ゲーズゲン原子力発電所に反対する最後のデモで、数千人の人びとに投げかけたものである。彼らは、灰色の百五メートルの高さのあるコンクリートの冷却塔の下で原子力発電所の開発を「思考中止」させるためにやってきたのであった。

アンナ・Rという二十二歳になる若い女性が、抗議の群衆が立ち去ったあとも、その場に残っていた。最後の瞬間の体験が感動的であったため、彼女は一人静かに見聞きしたことをよく考えたいと思ったのである。整理の警官が、これを「奇妙な行動」と見とがめ、無防備なこの女性を足蹴にして待ちうけている格子付きの護送車に押し込み、身元の確認もすることなく（第一の法規違反）、もよりの警察署に連行した。そこで彼女は身体検査を強制され、裸にされた（第二の法規違反）。抗議のため彼女は指一本動かそうとせず、着物を着ようともしなかった。そのため、彼女は何の過失もないのに一晩留置されることになる（第三の法規違反）。翌朝、署は「精神異常者」を捏造し、尋問もせず、彼女の意志を無視してゾロテュルナーの神経病院へ送る。スイス警察のみるところでは、「正常な」人間ならば、この荒っぽいやり方に消極的な抵抗をするという危険を冒すはずがないからである。身許が確認されたのち、彼女は故郷のジュネーヴに移される。彼女は監視つきで「ベル＝エール大学精神病療養所」に送られる。当直医師は収容許可証にサインし、この女性デモ隊員は神経科の一室に行かねばならないことになる（第四の法規違反。まえもってこの療養所から独立した医師が彼女を診察し、当療養所を指定しなければならなかったであろうに）。

抑圧の歯車に巻き込まれたこの女性は、勇敢にも消極的な抵抗を試みる。彼女は黙秘やハンガー・ストライキを始め、呑むべき薬剤を拒み、彼女と話そうとする精神科医に対して「強情な」態度をとる。

二日後、担当医B医師は、彼女の「反抗的な態度を打ち砕き」協力を強いようと決心する。彼女や彼女に近い人に知らされることなく（第五の法規違反）、アンナ・Rは強制的に、もっとも問題の多い精神医学的処置、電気ショックを受けさせられることになる。麻酔をかけて電極を当て、強いパルスを大脳に送ると、全身が痙攣し、一秒ほど呼吸がとまるのである。さまざまの記憶障害と挙動の変化はこの議論の多い療法の結果である。

いっぽう、外部ではこの事件についての噂が流れた。アンナ・Rは、逮捕されて一週間後にして初めて他の人びとと会うことを許され、警官や神経科医や精神病院の看手以外の人とも話すことができるようになった。

　だが、B医師は、患者をひどく興奮させるという理由で、それ以上の訪問をただちに禁ずる。友人たちには、アンナ・Rは「経過が大変良い」と保証する。同時に医師は電気ショック療法をさらに続ける。彼は患者からすべての刺激を遠ざけたいと言いながら、予審判事のもとへの召喚状を手渡す。だが、いまや病院そのものの内部で批判が起こる。ビーレンス・ドゥ・ハーン医長は（以前もそうしたことがあるように）、この場合にも電気ショック療法に強い反対の立場をとる。彼は、それが野蛮で治療上無効であると考えている。以前から、彼は病院長であるルネ・ティソット教授が相変わらずおこなっている権威的な方法にかわって、「精神医学的共同体」という近代的な参加のプランを実施しようと努めてきた。同僚エンケル医師だけが勇敢にも彼に同意する。二人は数年来この病院で勤務しているのだが、一九七七年六月二十三日監督局に呼び出され、一週間以内に職場を去るよう通告される。ティソット教授は同僚を非難しつつ、その理由を次のように言い渡す。「君たちは公然と電気ショックに反対し、アンナ・Rにそれを適用した仲間たちに非協力的に振舞った」。

　のちに明らかになったところによれば、監督局は、権威的でない新しい治療法を阻止するために、そうした口実を待っていたにすぎない。

　処罰された二人の医師の診療を受けていた患者が抗議すると、役所は原子力発電所への抗議に対するのと同じように対応する。当惑している人びとに対して、無情にも硬直した立場に固執したのである。病院長の嘆願を受けたジュネーヴの州政府「参事院（コンセイユ・デ・タ）」は、労働争議にかかわる上告裁判所がその間に出した判決を無視する。この法廷が提議したことは病院の管理基準を緩和させることだが、これを病院側はあっさりと拒否する。反対に、権威的な病院長は同じく権威的な監督官庁によって完全に承認を与えられるのである。

「この問題は、もはや医学的な性質のものではなく、ましてや学問的な性質のものでもありません。それは――それにしてもあっという間に――ジュネーヴ州政府の権威的な介入によって政治問題となってしまったのです」と勇敢なビーレンス・ドゥ・ハーン医師は私に書いてよこした。彼は自分の「領分を守り、精神医学をふさわしからぬ醜聞を起こすような処法から解放しよう」としたのである。そしてアンナ・Rはどうなったか。彼女はこの体験によって受けた傷のために、長期間治療を受けなければならなかった。そういうわけで、当局はその後も「正義」を保っていられたのである。

## *2*

権威的な核技術と権威的な精神医学のつながりがアンナ・Rの事件で明白になったが、これは偶然でも一回的なことでもない。行政当局は原子力に対する抵抗を心理学的にも打ち砕こうとしているのである。そして、そのためには多くの異常な手段が好都合である。「理性」に仕えるはずのあらゆるレベルでの干渉は、原子力を「受け入れること」への密かな誘導から、神経組織や脳髄に対する公然たる攻撃にまで及んでいる。推進者は反対者たちの誹謗にたじろぐことはない。彼らは「非合理」で「精神的に責任能力がない」ものとされているのである。そして、やっかいきわまりない市民を事実上狂わせてしまうことが必要とされれば、そうした工作が当局から援助されさえするということも、もはやまったくありえないことではないと思われるのである。

二人のスイス人化学者、ブルーノ・フェリーニ博士とコンラディン・クロイツァー博士の申し立てによれば、一九七七年七月三日にゲースゲン原子力発電所にデモ隊がむかったとき、出動した警察に周知の警備用毒ガスCN（クロルアセトフェノン）が配備されたばかりでなく、副作用として挙動の異常を引き起こす恐れのある別のガスが確認された。

桜の木や大麦に発見された沈殿物の厳密な分析によって、この主張は証明された。予想通り警察はそれを否認した。おきまりの、人体に影響はないというキャンペーンでスイスの世論はひとまず鎮静された。しかしのちに、この有毒な化学兵器は「不適切な取り扱い方をすれば致死的な結果を生ずる」ことが認められ（『ノイエ・チューリッヒ新聞』一九七七年八月十四日付）、バスラー警察が、隊員養成のための文書の一つで、次のように警告していたことが動かぬ証拠となった。「一般には、問題の毒ガスは効き目はあるが、無害であるという見解が支配的である。だが、これは事実ではない。われわれがそれを用いた場合、攻撃を受けた者が致死的な汚染を被ることを知っていなければならない」。

警察がゲースゲンの原子力発電所反対デモに対して用いたという毒ガス、クロルアセトフェノン（CN）は白十字毒ガスの部類に属するものである。これは、一九一八年米軍によって初めて西部戦線に投入された。国際連盟はすでに、二五年に、このガスの使用を禁止したが、最近、デモに対して繰り返し用いられるようになったのである。たとえば、七七年の、マルヴィルにおけるフランスの「高速増殖炉」スーパー・フェニックスに対する抗議や、北アイルランドにおけるさまざまの闘争のさいにである。

軍事目的のための新たな兵器体系が不断に試されているのとまったく同様に、今日では当局によってつねに新しい特殊兵器が、騒擾鎮圧用に開発されている。騒擾の前線において、特殊兵器はすでに試用されてもいる。イギリスでは、バーミンガムの大学占拠者の排除にあたって、超音波発生装置の実験がおこなわれ、「とくに満足な結果」を得た。この超音波は聞こえはしないが、浸透力が強く、対象者に重度の平衡障害を引き起こしたのである。

アメリカ合衆国においては、ベトナム戦争以来、アバジーン（メリーランド）にある「米国陸軍人間工学研究所」がこの種のいわゆる「非殺戮兵器」の生産に専念している。著名な「米国科学財団」（ワシントン）の報告によれば、三十四種の悪魔的な兵器が反抗的な市民を規制するために配備されている。とりわけ顕著なものをあげると、

- 矢砲：注射器を身体に命中させるもので、刺さると麻酔性の薬剤でほとんど一瞬のうちにしびれを生じる。
- インスタント・バナナ：地面をすべりやすくする化学的液体で、それを浴びた地面は歩行できなくなる。
- 電気脱力器：この武器は針と電線のついた二個の接触器を発射する。それは服や皮膚にささって離れないようになっている。接続されている発電機の強い電流が流れると、命中した者に無力感が生じる。

## 3

これらの武器はいずれも戦争のためのものではなく、自国の市民に対して用いられるのである。これらに特徴的なことは、障害を引き起こし、麻痺させ、威嚇しはするが、殺戮してはならないということである。狙いは、戦闘に勝利をおさめることでも、外国の領土を占領することでもない。「ただ」、示威行動や反乱の勃発を流血や公然たる内戦に発展させることなく抑圧することにある。

「ロンドン経済大学」の政治学者ジョナサン・ローゼンヘッドは、三人の同僚たちと政治的規制のための新技術の実態を研究しているのだが、「イギリス議会」からさして離れていないところにある狭いロンドン市民事務所で次のように語ってくれた。彼が「内戦のための軍備」の意味が増大しつつあるのを最初にはっきりと知ったのは、北アイルランドをめぐる闘争においてであった。マルキストとしての彼からみれば、あらゆる戦力は敵対する外国を威嚇するだけではなく、国内における自国の暴徒をも威嚇するものであることは、自明のことであった。だが、その彼すらが驚愕したのは、こうした技術の開発が六〇年代の終わり以降、従来の規模をはるかに超えてきているという事実である。

「私は次のような見解をもっています」と彼は言った。「政治家や経済界の指導者たちは、高度の生産性と利潤をめざす既存の所有構造と権力構造の危機がますます明白になりつつあるなかで、〝技術的方策〟によって、必要とあらば暴力の行使も辞さず、これを食い止めようとしています。しかし、このような上からの暴力は可能なかぎり気づかれない形で行使されなければなりません。われわれと同じ領域で仕事をしているアメリカの政治学者たちは、このことをきわめて具象的に〝ビロードの手袋をつけた鉄のこぶしの政治〟と名づけたものです。

権力者にとってもっとも好ましいことは、できるだけ気づかれずに事を達成し、彼らの企図をだれも妨げることのないようにすることです。したがって、彼らは、消費組合や職場への依存関係を徹底的に利用したり、監視を強化することによって、予防的な統制をしたがるのです。にもかかわらず、あからさまな闘争に発展したときは、〝制限された闘争手段〟によって、少なくともより以上の動揺を避けようとするのです」。

原子力の実質的導入は、最初のうちは公にされることなく密かになされるとしても、やがて数を増す市民の反対に抗しておこなわれなければならなくなる。それとともに、押し寄せるテロの波も世界中で「対内的軍拡」のための一種の試金石となっている。この特殊な面に関しても、とりわけイギリスの社会学者は、鋭い洞察力をもってわれわれの注意をひいた。彼らは、ずっと以前にすでに次の点を指摘していたのである。すなわち、原子力産業をめぐる論争においては、生物学的、生態学的未来ばかりでなく、自由と市民的権利が問題となるということである。

　ロンドンＷ１、ポーランド街九番地に、いくつかの平和主義的で批判的なグループが隠れ家をもっていた。それは、クェーカー教徒でチョコレート製造業者のロウントゥリーが家主だった。そこで私は、マイケル・フラッドとロビン・グローヴ・ホワイトとむかい合って座っていた。核エネルギーをめざす決定がもたらすはずの政治的、社会的問題がなおざりにされていることに彼らは大きな不安を感じている。そして、彼らは、同国人ジョージ・オーウェルが彼の悲観的な未来像『一九八四年』で描き出した全体主義国家への道が、「プルトニウム経済」の導入によって避けられないものとなることを問題にしたのである。

　彼らが一九七六年に、この問題をめぐって公刊した小冊子は、議会や報道機関の強い反響を呼んだ。驚いたことに、世界中で民主的権利の楯と称賛されているまさにそのイギリスが、「原子力（アトム）・帝国（シュタート）」を部分的ではあるがすでに導入してしまっているということを、その小冊子から私は知った。他の工業国では原子力計画に従事する者の政治的傾向、性格の審査がなされているということはまだ認められないが、イギリスの国立「原子力公社（AEA）」の管轄部門、あるいはその研究機関で働くすべての労働者たちは、採否のまえに、「実際に審査を受けて」いなければならないということはあたりまえのことと思われている。そのさいの基準には、性格的基準だけでなく、政治的基準も当てはめられる。多くの労働者、技術者、監督者等々もまた、原子炉や再処理施設で働くためには「清潔で」なければならない。とりわけ「繊細な」ウィンズケール再処理施設においては、今日では従業員は例外なく綿密な検査を受けているのである。

イギリスの重要な原子力施設にはすべて、「公務員秘密保護法」が適用されている。施設は軍事施設と同様「禁止区域」とみなされており、そこで働く者は仕事の内容を外部の人間に口外してはならない。それを犯せば厳しく処罰される。イギリスは他国にさきがけて、一九七六年以来特別法によって原子力公社の指揮下にある独自の守備隊（特別警備隊）を、核エネルギー施設ととくにそこに貯蔵されているプルトニウムの警備のために設立した。この警備隊は、武器の携行と使用について、イギリスでは従来認められていなかった特権をもつ。原子力公社のために制定された他の特別法規と同様、この特権についての詳細は決して公然と論議されることは許されない。いわゆる「D通達」のシステムによる出版の自由の制限は、従来とくに軍備問題に限られていたのだが、それは非軍事的な「核問題」をめぐる情報の領域にも拡大され、厳しく適用されたのである。五〇年代にすでに『デイリー・エクスプレス』紙は圧力をかけられ、「ウィンズケール」

再処理施設の建設にあたっての欠陥と杜撰さを暴露した花形特派員チャップマン・ピンチャーのレポートは、公表を妨げられた。フラッドとグローヴ・ホワイトがつまびらかにするところによれば、すでに成立してしまったこれらの厳しい規定は、直接原子力産業に従事していない多くの人びとの間にも、徐々に拡大されていくであろう。新しい原子力施設の建設計画がすすめられるとともに、保安手段の強化は不可避的となるだろうし、ますます多くの住民がそれにかかわりをもつことになる。

「かつて核エネルギー問題に批判的な主張をしたことのある市民はとりわけ、そのような監視の試練を覚悟しなければならないでしょう」と話し相手の一人が言った。「〝市民的不服従〟に対する恐れから、〝保安隊〟は疑わしいとみなした者を私生活にいたるまで予防的に監視しようとするかもしれません。原子力施設の保安を義務づけられている既存の特殊部隊は、将来少なくとも五千人の人員を数えることになるでしょう。そのうえ、〝データ発見〟のための最新式の技術的装備を施した数多くの監視者が加わるはずです。〝データ発見〟とはスパイ活動のあたりさわりのない表現にすぎませんが、この場合は監視の目はもっぱら自国の市民にむけられているのです」。

## 4

「ブドーの房事件」をきっかけに、ドイツの世論には、当局による隙のない監視の網の目がまたたくまに知られるところとなった。この網は「対内的軍備」の旗印のもとに、多くの人びとのまわりにより緊密に張りめぐらされつつあるのだ。逮捕されたスパイたちは取り調べをただちに制限し秘密の漏洩を防止しようとした。彼らは、連邦共和国において日夜おこなわれている無数の「監視」のなかの一つであるこのスパイ行為が例外的措置だと言い張るすべを心得ていた。

秘密領域というものは、どんな政治的慣習をもっていようとテクノクラート国家ならどの国家にもつきものであるが、その秘密領域を知り関与する者であればだれでも、さまざまな官僚や商社ができるだけ多くの人々についてできるだけ多くのデータを集めようと日夜努力していることを知っている。だが、こうした人々ですら、知っているのはほんの少しだけで、さまざまな網のなかの二、三の結び目しか知らない。きわめて多くの秘密の情報領域があるのだ。これがどれほどの数になるかは、見当もつかない。相互にどれほど密接にからみ合っているのかもうかがい知れない。日常的な外観の奥に潜む第二の現実を全体的に展望できる「情報エリート」がいるのだろうか。おそらくいないだろう。競争や縄張り意識が個々の秘密領域を、船舶の防水隔壁のように互いにふさいでいるからである。このことの中に、強力に中央集権化された国家すらがまったく矛盾した決定をおこなう場合があることの理由がある。中枢のなかの中枢を支配しているものは空虚である。とにかくこのように展望を欠くことによって、責任者が危機的状況のなかで関与を問題にされても、「そのことについて」なにも知らないと言い逃れることができるのである。

少なくとも、「内密の秘匿事項」をゆだねられている者に与えられる「知る権利」と同様、「知らない権利」が重要である。自分の管轄領域のなかか、隣接する領域で起こる不明の事柄について、知らないふりをすることが許されるのである。

とはいえ、テロと原子力に対する恐怖という二重の衝動によって、諸工業国は、必要とあらば、これまでに知らなかった密度をもつ唯一の警戒・監視システムにこれらすべての「情報」を組み込むことになるだろう。市民に関する「情報」は官民にわたる実にさまざまの情報バンクに記録されている。ドイツの内務大臣ヴェルナー・マイヘーファーは、議会の内務委員会の非公開の会議で、同僚に次のように説明し、こうした計画のあることを暗示していた。「われわれの技術文明はその安全性が脅かされる次元に達しており、われわれはたとえば原子力発電所において連邦規模の警戒システムを必要としています。……このシステムにおいては、まず各州が企業防衛隊の背後に、次に連邦が随所に接続されなければなりません。これら原子力の危険は、もちろん新しい原子力犯罪の危険でもあるのです」。

原子力発電所の導入によって、国家による監視の強化と拡大と集中をめざす努力が促された。それがどの方向にすすむかを占うもっとも手っとり早い方法は、やはりアングロ＝サクソン諸国を見渡して比較することである。それらの国々では、長い自由主義的伝統があるため、市民的自由に対する将来の脅威は他の国々よりややおおっぴらな論議を呼んでいる。

そういう事情から、とくに原子力をめぐる状況に関する六百六十一ページに及ぶ分厚い報告書がまとめられ、アメリカの政府委員会である「刑事裁判についての国家諮問委員会」によって一九七七年三月に公刊された。この報告書で提議されたことは、「技術文明の高度の繊細さ」に対して緊急法令が準備されねばならないということであった。それがあれば、事前の議会審議がなくとも、そればかりか憲法裁判所裁判官の評決を経ることもなく、民主主義的法治国の法律を一時的に侵害することができるようになる。報告書が要求するところによれば、さらに必要なことは、そのような行動に動員される官吏や警察官をあらかじめ「あらゆる民事的、刑事的責任」から解放することである。国家の命令にもとづき、それによって保護されたこれら違法者たちの行動によって、「被害が生じる」こととなろうとも。

一九七五年十月スタンフォード大学（カリフォルニア）で、アメリカの原子力規制委員会（NRC）主宰の「核防衛策の強化が市民的自由に及ぼす影響についての会議」が開かれた。法学者と専門技術者たちはこの会議で、アメリカの憲法で保障されている市民とその私的領域を保護する権利が制限され、毀損された場合の全光景を描いてみせた。

その際、とくに次の観察が意味を持っていた。それは、法治国から全体主義原子力国家へ変質するうえで、原子力がいかに重大な社会的役割を演ずるかを衝撃的に明らかにしたのである。会議に参加した人びとはすべて次の点で一致した。すなわち、「Pu因子（プルトニウム）」は「諸官庁における既存の監視策」を「まっさきに的確に正当化」するということである。したがって、原子力の発展の危険性は、以前からすすめられているやり方の合法化に寄与することとなり、テクノクラート国家の市民に対する監視の拡大が恣意であるという悪評から解放することとなる。いまや新たな技術的現実のもとでは、行政権や行政官庁が憲法に定められた限界を踏み越すことは避けられないところとして許容されるから、法治国でありながら無権利状態が拡大していく前提がつくりだされているのである。そのうえ、そのような監視策は、一時的で異常な緊張状態、たとえばセンセーショナルなテロなどを引き合いに出すまでもなく、不可欠のエネルギー源が絶えず危機にさらされているためそれを恒常的に保護する必要があると言えばよいのである。原子力産業――それは永続的な脅威を理由として、永続的な緊急状態をつくりだす。それは「市民の保護」のために苛酷な法律を「許容する」。そのうえ、それは原子力反対者や自然保護主義者たちへの尾行を「予防策」として要求する。それは、静穏なデモ参加者たちに対して数万人もの警官を動員することを「正当化する」こともできる。犯罪者相手で熟練した身体検査を彼らにおこなうことと同様に。

このような光景をまのあたりにすれば、つぎのような論争的な疑問が出るのももっともである。仮に「新しい力」によって経済的な利益をあげる見込みがきわめて疑わしくなったとしても、原子力産業に伴うこのような権力のあり様は、ある種の人びとには大いに魅力あるものではなかろうか。

## 5

それと引き換えに、テロリズムと核エネルギーの対峙がもたらす保安政策から、別のすばらしい経済効果が贈られた。それは「対内的軍備」の仕事である。伝統的な軍需産業は、より新しい、よりすぐれた、より高価な兵器を軍隊に供給しようとするものだが、それとならんで第二のよりいっそう有利な市場が登場したのである。警察や企業防衛隊や「国内的平和の維持」に必要な特殊部隊にぞくぞくと最新式の装備、「最新最良の武器」が供給される。安全性諮問委員会とは「工場、企業、官庁における安全問題」のためにデュッセルドルフに現われた情報提供機関だが、この委員会が一九七七年の初めに算定したところによれば、七五年に「自由ヨーロッパ」だけで「成長市場である安全問題」のために支出した額は、すでに年間二十億マルクに達した。将来、いっそうバラ色の予測が立てられる。一九八〇年までには、「売り上げは三十億マルクを上まわるかもしれない。八五年までには、欧州共同体において四十億マルク以上の増加が見込まれている。……長期にわたって、連邦共和国は最大の市場とみなされる。市場調査会社フロスト・アンド・サリヴァン社の研究によると、保安施設の分野における高価な技術に対しては、もっとも豊かな将来が約束されている」。

一九七六年度の安全性諮問委員会の内部記録をみると、「安全提供」のための技術が多様化することに気をよくしているのは、「民間企業」部門だけであることがわかる。「レーザー光線による身分証明書確認」「分離回路による屋外照明」「長い感熱器をもつ赤外線報知機器」「自動カメラによる訪問者監視」「新型施錠組織スフィンクス二号」「キング・ピン・ロック盗難防止装置」「建造物明け渡し計画の基礎となる見取図」「ポリカーボネイト防弾板」「化学棍棒――企業防衛のための自衛道具か?」「新鋭人物確認・把握システム」「無線作業員保安施設」「より広い監視領域をもった赤外線探知器」「高度の妨害防止力をもった磁力接触器」「原子力発電所の地下化」「証拠を残さない小型盗聴器」。

中でも最大の市場は、いうまでもなく「軍備市場である警察」である。この市場では無数の新兵器が販売されているばかりでなく、数百万という金額が新しく開発される聴取・監視システムのために支払われているのである。その一つに「熱感知器」がある。これは原子力発電所の隔壁の中にはめ込まれていて、通りすぎるどんな温血動物でも記録する。監視されている者の声を指紋とまったく同じように分析する機器があり、無線通信の声を「音声変調器」によって違ったもののようにする機器もある。「可動式指揮台」もあれば、さまざまなタイプの特殊テレビカメラもある。これは交通の監視は言うに及ばず、人間の「監視」のためにも用いられているのである。

三〇年代には、市民戦争下のスペインが新兵器の実験場であったが、この役割は、最近では、ベトナムや北アイルランドが背負うことになった。新しい兵器体系、監視技術、「犯罪団体」や「破壊分子」「デモ参加者」「武装した市民」と戦うための手段が、生きた「対象」に対して数限りなく試されてきたのである。多くの国々の警官隊や工場防衛隊がこうした経験から、大きな利益を得てきた。人間支配の技術はこうして新たな段階の効率を獲得した。

ウェイン大学（デトロイト）の政治学者セイパースタイン教授が『原子力科学者会報』に載せた寸評は、政治思想に見えない変化が起こりつつあることを風刺的に示している。彼が風刺をねらったのか、まったく真剣なのか、よくわからない。いずれにせよ、そのなかでは、人間の身体の健康を保護するために、「新たな異端審問所」の設置が認められるべきだと熱心に主張されているのである。というのも、核エネルギーに関係する危機に直面したさい、こうした機関が絶対に必要となり、欠かすことのできないものとなるからである。

スタンフォード会議では、そうした問題についても議論された。懸念されたことは、「プルトニウムの使用によって、人びとがすでに無感覚となっている当局の干渉が、よりいっそう高められるだろうか」ということであった。これに対する答えは次のようなものであった。これまでの経験では、危機に直面した技術的複合社会のなかで生存するために、社会では「より少ないプライバシー」を必要条件として甘受する用意がすでにできているというのである。

実際、この十年間に多くの指図や規制が、人びとを危険から守るという名目で発令されてきた。人間が危険に落ち込んだのは、技術と関係をもつうえでしばしば賢明さを欠いたからであった。こうした規制は徐々に自明なものとして受け入れられてきている。自動車に対して歩行者の自由を制限することがこうした規制の端緒であったが、それはとるに足らないものであった。だが、そのうち旅客機に搭乗するまえの臨検にまで規制はエスカレートした。このような厳重な検査は一定の状況に限られているが、まもなく建物や市街区への立ち入りのさいにも要求されるようになろう。

原子力施設が増加していくことによって、自由や権利の制限がますます多くの人びとに強いられ、いっそう厳しいものとなると予想されるが、なによりも問われなければならないのは、それがいつ人びとの忍耐心や適応力を超えるかということである。安全性の分析家や危険性の研究者たちは、彼らの技術の「故障」や「爆発」には多くの注意を払っている。だが、彼らの努力の副作用として避けることのできない社会的自然の「爆発」には、今のところあまり注意を払っていない。ＧＡＵ（仮定されうる最大の事故）に関する研究は枚挙にいとまもないが、その背後に「ＧＡＵ」（仮定されうる最大の社会的事故）がひかえていることを考慮の外に置いている。そうした事故を「原子力帝国（アトム・シュタート）」の重圧は防ぐどころか、日々促進しているのである。

# 展望——柔軟な道

# 1

ある職業に携わっている人びとが、自分たちの同僚には気をつけるべきだと、世間にむかって警告を発することはそう多くあることではない。これが実際に起こったのだ。一九七七年八月、コモ湖畔でおこなわれた「エンリコ・フェルミ国際学会」の討論会のあとで、十二カ国から来た二十八人の傑出した物理学者たちが、原子力問題に物理学者が及ぼす影響に対して次のような態度を打ち出したのである。

「この問題が、実際には市民の間で論議されず、一流の専門家に完全にゆだねられている現在の状況はきわめて重大である。……原発推進者たちは国の原発計画に賛成する学者しか求めず、また受け入れようとしない。……われわれは、世論がこのような専門家の見解を十分批判的に検討し、市民よりも多くの知識をもつと自認するこれらの人たちの主張に、決して盲目的に従わないよう要望する」

学問はしばしば硬直化して「教会」的となるが、その教会の勤勉な「聖職者たち」にむけられたこの抗議は、原発反対運動がもたらしたもっとも特徴的な宣言の一つである。このことは、原子力問題が、引き金となった直接的な問題をはるかに超え出る議論を呼び起こすことになったのをみても明らかであろう。将来のエネルギー供給のあり方にとどまらず、支配のあり方もまた議論の対象となっている。論争は、ある特定の技術の枠を超えて大規模な工業技術のあらゆる現象形態、権力への依存関係にもかかわっているのだ。この議論の背後には、抑圧と搾取を目ざしてきた従来の科学・技術の方向が、人間にとってこれからさきも役立ちうるかどうかという、より包括的な問いがある。

こうした不安から、ここ数年の間に世界的な大衆運動が、つまり従来の国際的運動とは比較にならない新しい運動が起こってきた。その支持者は、まったくさまざまな世界観、階層、国民からなっている。彼らは、中心となる指導部も形式的な綱領ももたず、いわんや確固とした組織ももたない。その結びつきは決して「一枚岩的結合」と呼ばれるものではなく、むしろ、多くの水源をもち、いかなる障害物をもつつみ込み、洗い流し、あふれる流れである。

このように自発的に起こった流れが永続するかどうか、また、厳格な国家機構や、大資本を擁する経済、それに、かなり以前から活動している既成大政党の諸機関に抗して、持続し目的を達成できるかどうか、いまのところ確かではない。しかし、従来の思考の枠に全然おさまらないこの政治勢力が、いたるところですでに強い影響力をもちはじめていることもまた疑いえない事実である。

この政治勢力は、当局の企画部や企業の経営陣がおこなった見積もりをはなはだしく損ってしまった。もはやどこであれ原発計画は、当初の規模で所定の期日までに達成することは不可能である。もはやコスト計算が合っているところはどこにもない。原子力産業がまだ始まったばかりのころのあの楽観的進歩主義はいまやどこにも残ってはいない。

市民の反対運動のもつ「妨害価値」は、決して否定的にみられてはならない。これはちょうど人体における痛みのようなものであって、正しく受けとられるならば、より合理的な生活を送るために以前から必要とされてきた刺激ともいうべきものである。このゆるやかな連合に属する多くの人びとは、絶えずおこなわれる対話や、いっそう新たな試みを通して、人間にふさわしい生活はどのようなものでありうるかを探究しているのだ。これから社会へ出ていこうとしている人たちばかりでなく、すでに職業につき、その仕事のより深い意味や拡大について考えている人たちも、この運動に参加している。反対運動はこのような人たちを孤立から救い出し、また彼らの型にはまった日常性を揺り動かしたのだ。こうしていまや、彼らを互いに結びつけている反対運動にとどまらず、彼ら自身の個人的生活や、彼らがよりどころとすることのできる価値観が、彼らにとって問題となっているのである。

## 2

反原発運動を、もっぱら抗議行動あるいは暴力の観念と結びつけて考える者たちはすべて、この人たちがたんなる「反対者」ではなく、まず第一に、なにかのために立ち上がったのだということを知るべきであろう。脅かされている生活を守るために、ヴィール、サン・ローラン、カルカール、それにブロックドルフの農民はデモをおこなったのだし、ラ・アーグの労働者は、自分たちの健康を守るために通りを埋めたのだ。環境を守るためにシーブルック（アメリカ）の原発建設地は占拠され、日本、バスク地方、イタリア、オランダの人びとは、子孫のため、子孫の脅かされた未来のためにハンガー・ストライキをおこなった。また、オーストラリアでは、ウラン採掘によって脅かされた原住民のために、港湾労働者がストライキに入った。ゲースゲン、バルセベック、ツヴェンテンドルフでは、大部分税金でまかなわれる大規模工業計画においては、その準備にあたって最も広範な民主主義的合意が必要であるとして、これを求める闘争が原発反対者たちによってなされた。

反原発運動がかかげる理念の多くは、対抗文化や学生運動に由来している。いまやこれらの理念は、より広範で現実に即した基盤を見出すことに成功したのだ。私は世界の多くの国で反原発グループと接触したが、そこで、ほんの数年前まではヒッピーしか支持していなかった生き方や希望に非常に近いものをもっているいると事実告白する、多くの職業人に出会ったのである。とりわけ懐疑的な専門家グループが、ますます増加している。

六〇年代の反乱は終息した、あるいは「死んだ」と繰り返し主張されるが、これは完全な誤りである。運動は他の社会階層に深く浸透しているのであって、そのためいまのところ表向きめだたなくなっているにすぎない。建築家、弁護士、医師、建設労働者、牧師、農民、漁民、薬剤師、出版業者、役人、商人、ジャーナリスト、看護婦、教師、機械工、広告業者、俳優、印刷業者等々の人びとと、私はこの新しい大衆運動のなかで個人的に知り合うことができた。彼らがすでに互いに連帯を深め、孤立から抜け出していることだけでも重大な意味をもっている。たとえば、エーゼンスハム原子力発電所に反対する闘争のなかで、技術者とオルガン製作者が互いに知り合い労働体験を交換しあっているのを私のように耳にできたならば、この運動には狂信者か、さもなければ「破壊分子」しか集まっていないなどともはや言うことはできないであろう。十九世紀の文明と経済の発展によって分断されたものが、ここでようやく出会っていることがわかるはずである。

こうした人たちが、真剣に原子力やそこから生ずるさまざまな問題に関して、むずかしい科学的、技術的、経済的、社会的情報を取りあげ、批判的に考え抜き、そして自分たちの状況に適用する作業に取り組み、成功している例に出会うのも非常に感動的なことである。彼らは、学ぶことに関して平均的市民以上の強い動機をもっており、彼らにとって新しい事柄にもたいてい驚くべき速さで精通してしまう。したがって、討論の際にも、地方の政治家や会社から派遣された人物より、彼らは数段厳密で、包括的で、そしてなにより批判的な知識を身につけていることが多い。スローガンやきまり文句ではだれも彼らをまるめ込むことなどできはしないのである。

ところで、原発反対者と推進者の討論会に出た場合、とにかくそこで話される内容に耳をかたむけることもさることながら、それがどんなふうに話されているか、そして論争している人たちがどんな表情をしているか、そうしたことを見守ることも有益である。新規原発建設の推進派の側にあるのは、ほとんど例外なく、不機嫌、倦怠、冷たい拒絶、疎遠さ、うんざりさせる「即物性」、冷笑的な知ったかぶりであり、ここには温かさや親しみのひとかけらもない。これに対して他方の側には、注意深く、生き生きした、熱心で、絶えず笑いだしそうな顔があふれている。

## 3

私はこれまで、多くの対話、手紙、体験から、新しい国際運動の考え方に特徴的と思われるいくつかの態度や希望を抽出することに努めてきた。

そこには、まず第一に、つつましい生活に対する新たな信条がある。この信条は、人類の物質的基礎には限りがあり、したがって、従来の工業国の浪費型経済は終わらざるをえないという認識から生まれている。われわれにさし迫っているのは、限りない富の未来ではなく、欠乏の未来なのだ。よけいなものはいらないということを、時をたがえず学ぼうとする「つつましい人びと」は、「スタンフォード研究所」の研究に従えば、なるほど今日ではまだ笑うべき存在なのかもしれないが、しかし遅くとも今世紀の終りの頃には、見習うべき模範となるだろう。

公平を求める努力はこれと密接に結びついている。連帯を重要なものと考える国際的運動は、「先進」国と「発展途上」国との間にある生活水準の大きな差を、以前にもまして重大なものと考えねばならない。国際的運動は、第三世界に対する搾取を許さないし、また「贈り物」にみせかけた自国の経済活動も許さない。というのも、それは、先進工業国自身においてすでに重い負担だと認められた生活様式をいっしょに輸出するものだからである。

技術的に発展した文明と自然との関係はかなり以前から混乱しているが、これが、異議申し立ての根源と考えられる。環境の破壊は、まず無力感とともに、そして共犯の意識とともに体験される。実際、エコロジー運動の成長が、反原発の拡大と深化をもたらしてきた。あらゆる努力にもかかわらず、企業側は核が環境を破壊しないと環境保護派を説得することに成功していない。「青い惑星」を汚したことへの責任と、破壊された自然の規則的循環の回復が——もっともまだそれが可能であればの話であるが——新しい国際的運動の主要目標の一つである。このような態度は、しばしば誤解されるように、曖昧な「観念論」からは決して生まれない。それは、従来の国際運動が顧みることのなかった根本的な要求の一つとみなされる。

初めてこの運動のなかで再び政治問題化されたこれらの根本的要求には、また、多様性と創造性、美しさへの要求が含まれている。これらは、できるだけ高度な工業生産性の追求においては決して顧みられることのなかった価値である。独自の音楽、独自の絵画、独自の演劇、独自の詩、そしてグループが自己表現のために用いる非常に趣向豊かな形式がかくも強力にその価値を発揮してきたのも決して偶然ではなく、人びとの意志によってなされたことなのである。ここには独自の「文化」が現われている。この文化は、「労働者の文化」が息切れし、ブルジョアの「教養価値」のたんなる受け売りに満足しはじめた、まさにこのようなところで始まることができるのである。

この文化には、人間性にとってゆずることのできないものとしての感情が、もはや沈黙させられたり、抑圧されたり、異端視されたりしないで、最終的に認められ率直な表現を見出すことが必要なのだ。以前何年も、私はいくつかの宣言に参加したが、反原発のデモにおいてほど、自然に湧き出る誠実さ、親しい絆、友情、いたわりを体験したことはいまだかつてなかった。見知らぬ者どうしが初めて話すときの、ちょっとしたしぐさや話しぶり、接触への恐れを投げ捨て、笑ったり、悲しみや怒りから遠慮なく泣いたりする様子は、私の知っているかぎりテレビではまだ報道されていない。

感情の発露のためには親密さが必要である。だから、個々人がしばしば無関係のままでいるような社会の大機構や大組織ではなく、いつも論争や緊張があり、すみずみまで眼のとどくグループのほうが好まれる。この新しい国際的運動は、何千ものグループ、ミニ・グループからなっている。こうしたグループはさまざまな意見をもち、しばしば対立することもあるが、これは弱さのしるしではなく、むしろ活動的であることの証明としてそれらによって評価されているのである。

反原発運動に政治的な生命を保つために必要とされる真の協力は、グループのなかでのみ可能となる。これには、相互の学習、徹底的に耳を傾けあい話しあうことが必要である。仕事でも政治の場面でも、提案の内容が励ましを与えられるのは、それが自分自身のもの、つまり本を読んで得たものではなく、自分で考えたものであるときである。すべての人びとが、それぞれ自分自身のかかわる困難や必要に関するかけがえのない「エキスパート」なのだ。こうした仲間では、「参加」とはともに話すことだけでなく、ともに創り出すこととしても理解されている。この作業には、時計にしばられ、合理化をめざし、スピードと大量生産を目ざす産業社会にはもはや存在しないような時間が必要である。

新しい国際的運動がもっとも卓越した希望のためには、すべての人間に備わっている想像力を発見し、働かせることが必要である。この運動には、支配することによって闘争仲間の独創的な想像力を抹殺するような、いかなる抑圧的な世論指導者もオピニオンリーダーもいない。多くの人びとの頭脳と心から絶えずあふれ出るエネルギーが解放されなければならない。つまり、原子力のかわりに人間の創造力が解放されるべきなのである。

## 4

つつましさ、公平、自然との結びつき、美しいものへの愛、感情の肯定、参加、想像力の解放、これらは、原子力産業や原子力帝国（アトム・シュタート）に対して「ただ否定を唱えるだけ」の「破壊的」な運動とされているもののなかで、より人間的な将来にとっての価値として主張されているものに属する。このような願いをいつの日か実現する望みはあるのだろうか。それとも、技術やエネルギーの絶えざる拡大や増加に通じる「硬直した道」を放棄することは事実の強制によって不可能であるとする「現実主義者」たち——もしそうでなければ、世界的な欠乏、文明の没落、血なまぐさい闘争が必然的に起こらざるをえないだろう、というのが彼らの言い分である——が正しいのだろうか。

「硬直した道」の信奉者たちは発想を根本的に変える能力に欠けているが、これは彼らの単線的思考法の特徴である。彼らは、自分がさきに下した決定を誤りと認め、損失をより小さい段階で引き受けることができないばかりか、むしろ決定に頑固に固執することによって、将来生じるであろう比較にならないほど大きな災禍の危険をあえて冒そうとするのである。

これに対して、「柔軟な道」には見通しがあるだろうか。もはや避けられそうにもない危機や行きづまりに対して、いますぐ解決策を用意することができるだろうか。さらに「柔軟な道」は、今日の権力機構の隙間をぬって入り込むことができるだろうか。

そうした方向転換のための機会は、目下のところ非常に少ないように見えるとはいえ、しかしないわけではない。たとえば「硬直した技術」にかえて「柔軟な技術」を用いるという、ますます具体的になっている可能性は、事態が変わるかもしれないという予感をわれわれに与えてくれる。そのような代替技術は、ほんの最近まで、少数の局外者によってまじめに考えられていたにすぎなかった。ところがいまや、政治・経済の「支配者層（エスタブリッシュメント）」までが、環境を破壊しないエネルギーに関心をもちはじめている。太陽、風、潮の干満、光合成、水素の生産、電磁流体発電、そのほか従来見落とされたり、奨励されていなかったり、採算がとれないとされていたさまざまな電源の開発と実用化が、やっと精力的に始められた。一九七三年の石油危機以来、エネルギー不足の脅威に対する解決策として、実に多くの創造的な可能性が示されたが、これは実際驚くべきことであり、また期待しうるものである。このような短期間のうちに、エネルギー供給の部門で、この種の利用可能な発明が数多くなされ、特許申請されたことはいままでなかったことである。

原子力発電所の経営者たちは、もちろん、こうした代替エネルギーが、彼らの言う八〇年代半ば、遅くとも終わりに予測される「欠乏」を埋めるまでにはいたらないと主張する。しかし、その時点でこそ、新たな方向へすすむ可能性も開けるのだ。現在、産業の利害によって歪められておらず、ヒモつきでない正確なエネルギー予測が多く出されている。多くのいっそう新しい成果によって、原発推進派やそれに協力的な政治家たちのいままでの危機宣伝が、いかに人をだますものであったかが明らかとなった。

「柔軟な道」を歩もうとする人たちが主張する生き方や目的が、ますます多くの注意をひき、注目をあびるようになること、これが希望のさらなる要素である。そうした傾向が強まるために果たす電波の役割は決定的である。電波は、昔は考えられなかった速さで新しい考え方や価値観を話題にのぼらせ、もはや支持されえない生き方の崩壊を早めることができる。そのいい例は、最近の環境保護意識である。それは驚くほどまたたくまに広がり、いまや重要な政治的要素になっている。新しいこの考え方は、もうあらゆるところに浸透している。若者がこれを未来に引き継いでいくだろうから、政党も労働組合も、この圧力を困難なしに避けることはできない。

　無理な成長や利潤を望まない、自立的で自主管理型の新しい共同生産方式が多くの場所で、とりわけ、役に立たなくなった旧来の経済システムが失業を生み出しているところで起こっている。

　とはいえ、原子力帝国（アトム・シュタート）が力ずくで突き進み、権力をもたない新しい国際的な運動を一時的に地下の墓地（カタコムベ）に追いやることもあるかもしれない。しかし、近代技術のうえに成り立つ専制政治は、以前の権力支配よりも強力であると同時にまた傷つきやすさをもそなえている。結局は、水のほうが石よりも強いであろう。

# 再刊によせて

本書は、Robert Jungk, *Der Atom-staat, Vom Fortschritt in die Unmenschlichkeit*, Kindler Verlag, 1977の翻訳である。「非人間性への進歩」という副題を持つ本書は、一九七七年に西ドイツで刊行されると、大きな反響を呼び、英訳 "The New Tyrrany" (New York 1979) をはじめ、数カ国語に翻訳された。我が国では、一九七九年にアンヴィエル社より初訳が出、一九八九年社会思想社の現代教養文庫に収められた。初訳が刊行された時、著者を迎えて東京をはじめ各地で熱い論議がたたかわされたことは懐かしい思い出である。

当時は、原子力発電には危険性はないとする論調が支配的であり、その危険性を指摘する人々は少数であった。そうした中で、本書はそうした安全性神話に警鐘を鳴らすものとして理解される一方、時には時流に背く陰鬱な未来予測として受け止められる傾向がなくはなかった。

だが、同年アメリカのスリーマイルアイランドで炉心溶融と放射線漏洩事故が起き、八六年には旧ソ連のチェルノブイリの原発事故が続き、国内でも九九年東海村で核燃料製造過程での臨界および被曝・死亡事故が起きるに及んで、原子力開発への疑問は否が応でも強まらざるをえなくなった。そして、二〇一一年三月十一日の東日本大震災とそれに伴う福島第一原子力発電所での炉心溶融と水素爆発、放射能汚染事故は、ユンクの指摘の正しさを裏付ける結果となった。原子炉は「想定外」の事態には如何に脆いものであるか、一旦事故が起きるとどれだけの負担が発生するか、「想定内」で事を済まそうとしてきた人間が如何に姑息で不遜であったか、を全国民が知ることとなった。政治家たちが「国難」と呼ぶ原子力災害は一国の問題であるだけでなく、国境や体制の違いを超えて地球規模で環境を破壊するものであるとの認識を、今後全人類は共有していかねばならないであろう。

すでに幾つかの翻訳で我が国でも知られている著者ロベルト・ユンクは、一九一三年五月十一日にベルリンでドイツ系ユダヤ人の家に生まれた。父は、作家であり演劇評論家のマックス・ユンクであった。三二年シャルロッテンブルクのモムゼン・ギムナジウムを卒業してのち、ベルリン大学で心理学と歴史学を学んでいたが、三〇年代の世界的危機はユンクの境遇を一変することとなった。三三年大学構内でナチスの政権掌握に抗議したところ、ただちに警官が導入され、彼はポケットにマッチを所持していたという理由で、二月二八日の国会議事堂放火事件との関係を疑われ、取り調べを受けた。この経験によって、彼はナチスの危険性をいっそう強く認識し、亡命を決意するにいたった。近親者にもそれを勧めながら、三月三日パリに向かい、ソルボンヌ大学に籍を置き、映画の助監督をしながら生活を維持し、新聞に投稿して反ナチスの論陣を張った。三五年ドイツに戻り、非合法のレジスタンス・グループと接触したが、再び亡命の途につくこととなった。監視を避け、スキーでチェコスロヴァキアに向かい、プラハで反ファシズム運動の機関誌『モンディアル・プレス』の発刊に携わった。

三八年スイスのチューリッヒに移り研究を続けたが、四三年、外国人に対する出版禁止令に違反したとの理由で国外追放処分の決定を受け、処分保留のままセント・ガレンに抑留された。彼はこれを機に『スイスにおける出版の自由をめぐる戦い』と題する記事を書き、その結果ジャーナリストとして活動することを許された。四四年ロンドンの『オブザーバー』誌のスイス在住通信員となり、同年七月二〇日にベルリンで起きたヒトラー暗殺未遂事件の背景に関する詳細な報告を寄稿した。それによって、彼は哲学の学位を与えられることとなった。

戦後は、国際的な記者として、ニュルンベルク裁判をはじめ多くの国際会議の報道に努めその名が知られるようになったが、特にソ連に占領された東ドイツについての報道『死の国から』が英国下院で読み上げられ、彼の知名度は高まった。四七年には、ドイツの二大新聞『ディー・タート』『ディー・ヴェルトボッヘ』の依頼でアメリカに渡り、原子爆弾の製造にいたる原子力開発のあり方を取材した。ここから、彼の関心は原子力による人類の未来に向けられることになる。

五〇年ヨーロッパに帰った彼は、翌年、アメリカでの体験にもとづき『未来は既に始まった』を執筆した。五六年には『千の太陽より明るく』で、原爆の製造過程における科学と政治のかかわり、科学者の良心の問題を追及した。さらに、核兵器による攻撃を経験した日本を訪れ、広島の被爆者と面会し、『廃墟の光』を著した。六四年、未来学の確立に努め、未来研究のための世界連盟を創立した。

六八年にはＣＥＲＮ（ヨーロッパ合同原子力研究機関）の陽子シンクロトロンを中心に集まった各国の科学者たちの活動を取材し、軍事研究とは一線を画する平和的な真理追究の姿勢を明らかにし、『巨大機械』を著した。六九年『人類二千年』において、共存の新しい可能性を探った。

六八年以後、彼はベルリン工科大学において講座を担当することとなり、大学は七〇年名誉教授の称号を贈った。八〇年、三度目の来日を果たし、「原子力帝国」をめぐって、人類の悲惨な過去を思い将来に関心を抱く多くの人々と意見を交わした。帰欧後、八五年にザルツブルクの市民とともに「ロベルト・ユンク図書館」を設立、九二年には緑の党によりオーストリア大統領候補に推されたが、その理想を後世に委ねて九四年七月十四日に亡くなった。


以上の経歴から、ユンクがどのようにして本書の執筆に至ったかが理解されよう。本書で彼が投げかけているのは、原子力の開発は国家・社会のあり方にいかなる影響を及ぼすか、という問いである。核技術という巨大な技術を導入することによって、人類に明るい未来が開かれるどころか、社会は硬直した管理社会となり、市民の自由や創造性は抑圧され、民主主義の精神と根幹が損なわれ、全体主義的な性格を持つ専制国家にならざるをえないというのである。こうした論旨は、英訳のタイトル“The New Tyrrany”がよく表していると言えよう。まさしく「原子力国家」ならぬ「原子力帝国」が到来するのである。

こうした政治学的・社会学的観点からの考察によって、ユンクの著作は核エネルギーをめぐる論議に新しい論点を提供し、またそのために大きな衝撃を与えたのであろう。核エネルギーの開発は、ベクレルやキュリー夫妻による放射性物質の発見に始まり、放射能や放射線が生体に及ぼす影響を知ることなく進められてきたのであって、放射線治療に道を拓き医学的に応用される一方、物質に秘められた巨大なエネルギーを如何に効率よく取り出し利用するかという功利的・技術的関心にもとづいて推進された。それは、不幸なことに第二次世界大戦の最中に国家の戦争目的、軍事的政策のもとで急速に行われた。だが、その結果生み出された原子爆弾の使用は、未知の放射線障害を引き起こし、被爆都市の人びとは経験したことのない症状に苦しみ、これに対する医学・医療を必要とした。だが、被爆の影響は身体的障害にとどまらなかった。生命の危機に脅かされながら辛うじて生きながらえた人びとは、心理的・精神的な深い傷を負うこととなった。アメリカの心理学者リフトンは広島を訪れ、被爆者の精神分析を行い、『死のうちの生命』（朝日新聞社、一九七一年）を著した。純粋な物理学的関心から始まった核エネルギーの研究は、こうして精神科学の分野にも及んできたのである。こうした流れの中で、ユンクは新たに社会科学の分野を開拓し促進しようとしているのである。

ユンク自身においては、そうした観点は、四七年から五〇年にかけてアメリカに滞在した間に生まれていたと見なされる。四七年と言えば、大戦中にドイツからアメリカに亡命したフランクフルト学派の領袖ホルクハイマーが『理性の腐蝕』（せりか書房、一九八七年）をニューヨークで公刊し、またアドルノとの共著『啓蒙の弁証法』（岩波書店、一九九〇年）を著した年であり、ファシズムの脅威に曝されたユダヤ系ヨーロッパ人にアメリカ社会がどのように映っていたかを知る手懸かりを提供している。これらの人びとには、理性の空洞化と自律的な個人の消滅が政治体制の別なく進行しつつあると見えていた。ユンクにおいては、全体主義に対する民主主義の勝利を謳歌する時代はすでに終わり、巨大技術を用いた人間の抑圧・支配というまったく新しい問題を孕んだ「未来」がすでに始まっていると見えたのである。

こうした見方の背景には、ユンク自身のファシズム体験がある。ホロコーストの思想と核兵器による無差別殺傷の間には同質のものがある。そもそも無差別攻撃というものは、ゲルニカや重慶におけるようにファシズム国家が先鞭をつけたものである。先の来日の折、ユンクはヨーロッパでは口にしえないこととして、自分の出自を明らかにし、ナチスの人種理論の危険性をいちはやく覚り、亡命するにあたって近親の人びとにそれを説いたが微笑を返されただけであったこと、結果的にすべての身寄りを失ったことを告白した。そうした経験があればこそ、彼は大戦の最大の落とし子とも言うべき原子爆弾とその犠牲者に眼を注ぎ、被爆都市広島、長崎に足を運ぶことになったのである。本書におけるユンクの原発批判はいっそう深く反原爆思想に根ざしており、幾多の市民を犠牲にして省みない国家と癒着した現代科学技術のあり様への疑問にもとづいているのである。彼の取材に協力した小倉馨氏の「ユンクもまた一人の被爆者である」という言葉（『ヒロシマになぜ』渓水社、一九七九年）は、現代史の中で過酷な経験を強いられた人々の間で被爆体験が精神的に共有されていることを物語っている。

こうした無差別破壊は、その犠牲者の人間性を損うだけではない。それは、その装置の維持と管理をめぐって永続的に人権を抑圧し続ける。日本の二都市に対する原子爆弾の投下は、軍と軍事産業の拠点である二都市の機能を一瞬のうちに麻痺させ、戦争の早期終結を実現したものとして正当化されている。だが、それは、ソ連の対日参戦を待たずに、アメリカ一国で日本を降伏させ、大戦末期には早くも芽生えつつあった米ソの対立とそれに続く戦後世界の構築に際して優位に立とうとした政治家たちの打算のもとで遂行されたものではなかったか。しかし、それは予知されえなかった放射線障害を引き起こし、その非人道性を非難する世論を喚起する懼れがあった。そのため、GHQが取った政策は、直ちにプレスコードを発し、連合軍の批判に繋がるような研究と報道を禁止し、批判の高まりを防ぐことであった。そうした規制が解かれるまでの間、日本国民は知る権利を奪われていたのである。そして、厳重な検閲は、日本人の心に自己規制の態度を植えつけ、その後も持続させることとなった。

ここには、途方もない威力を備えた技術が開発され、そして解決しがたい結果を生じた時、その技術を存続させるためには、結果事実そのものを隠蔽しようとする傾向の生まれることが認められる。科学というものは、事実を基準としそれを最大限尊重することによって成り立つものだとすれば、それは科学的精神とはかけ離れている。そして、多かれ少なかれ、国家権力と癒着した科学技術はこうした性質を帯びるようになることを示唆しているのである。

それは「軍事利用」に限られたことではない。いわゆる「平和利用」もこうしたあり方を免れないことをユンクは憂慮するのである。「平和利用」のシンボルと称されている原子力発電は、核兵器の材料となるプルトニウムを産出することによって、容易に軍事利用に転換されうる。さらには、放射能と放射線を完全に密封できないかぎり、生命に脅威を与えるという点で、それは「軍事利用」と区別することはできない。

そして、この脅威があるかぎり、原子力国家は自国の市民をすら敵視する結果となる。平和利用にとって欠いてはならない視点は、安全性の確保ということであり、原子炉および放射性廃棄物からいかに市民の健康と生活を守るかということである。だが、この観点は逆転し、議論は、市民の批判と懐疑的な意見から如何に原子炉を防衛するかという議論へとすり替えられるのである。それを促すものとして、二つの契機が挙げられる。

第一に、原発の事故が多く人為的なミスによることである。それ故、あらゆる人間のミスが防がれなければならない。そのためには、事故に通じる懼れのあるすべての人間的要素が排除される。作業員の厳格な肉体的・精神的適格条項が定められ、厳しい事前審査が行われ、雇用後も恒常的に監視と検査がなされることになる。とりわけ、危険のある作業に従事せざるをえない人びとは安定した生活基盤のない人びとであることから、検査、監視はいっそう徹底したものとなる。

第二に、原発はより攻撃的な妨害、破壊行為、すなわち原子力テロの目標となる可能性があり、これらから護られなければならない。また、核物質を狙った侵入も考えられ、これに対しても恒常的な警戒態勢が取られる必要がある。特殊な防衛部隊が組織され通常の警察以上の権限が与えられる。それは、やがて、施設に近づく者だけでなく、一般市民に対しても過酷な監視体制を作り上げる可能性を孕んでいる。社会全般の風潮がそれによって規定され、社会は、自由な批判の余地がなく、与えられた指令を受け取り機械的に反応するだけの人間、「ホモ・アトミクス」だけが容認される硬直した社会とならざるをえないのである。

だが、このような方策によって危険がなくなるわけではない。軍事利用に直結することによって、核の脅威はますます増大する。そうした危険をともなうことを承知のうえで、なお進歩や繁栄を追求することは、危機と背中あわせの「賭け」にほかならない。その意味で、開発の推進者たちは、現在の生命だけでなく未来の生命も賭けの代償にしかねない「賭ごと師」と見なされる。

この賭にはさまざまな学問分野が動員される。だが、そこには自由な批判や討議にもとづく創造性のある研究は封じられ、科学そのものが権威を後ろ盾とした賭けという性格を持つようになる。仮説は実験を通して検証されることはなく、結果は理論的に計算された蓋然性にもとづいて予測されるだけである。巨大プロジェクトである原子力開発は、全体として実験されたうえで実施されるわけにはいかず、それ自体が常に実験であるという性格を免れない。安全性が確認されるまで実施してはならないという開発の不文律は破られる。このことは、チェルノブイリの事故がまさしく実験中に発生したものであり、しかも人為的ミスによる事故であったことに典型的に示されている。

そして、研究者は、自分の構想を実現するために巨大な資金を動かそうとするならば、如何なる場合にも楽観論を述べ、積極的な成果への期待と幻想を掻き立て、関係部門を説得しなければならない。ひとたびプロジェクトが動き出すならば、この期待を損ない否定的な結果を暗示するような事実や見解は隠されがちとなる。自由な視点の転換、批判的見解の余地は失われる。それだけでなく、何らかの理由で批判的とならざるをえなくなった科学技術者は、現実を支配する「事実の強制」を研究生命にかかわる脅威と受け止めざるをえなくなるのである。

原子力開発は、人間による自然支配を目ざす科学技術の頂点に立つものであるかのようでありながら、それに従事する研究者自身をも束縛し支配することになる。科学技術による自然支配は人間支配に通じているのである。人間科学もまたこのような人間支配に加担させられる。それは、社会と人間のあらゆる側面を知り尽くすことによって、批判や抵抗の機先を制し、「危険な機械装置が要求するままに意志なしで動く安全な機械部品と同じように、意のままになる人間類型を作り出すこと」に奉仕させられるのである。無感動で飽きっぽくなく、注意力をそがれることなく、従順である人間が信頼できるとされる。

原子力開発はこうした硬直した支配体系を生み出し、まさに「原子力帝国」と言うべき体制を作り出す。それとともに、こうした国家をわがものとしようとする一部のテクノクラートからなる「新たな僭主」たちが生まれる。彼らは、原子力を背景に国内の支配を成し遂げようとするだけでなく、核の独占と供給を通して国際社会をも自己の主導する「エネルギーの鎖」に繋ぎ、新たな「原子力帝国主義」を推進しようとする。核の拡散もこのような視点から捉えるならば、新たな「帝国主義間戦争」に通じるものとして考えられることとなる。核兵器の不所持を義務づけられている国家であっても、平和的利用の名のもとに第三国との提携を通してたやすくこの抗争に加わることができるのである。

原子力帝国が一切の批判を封じ、原子力産業に不利な事実を隠蔽する方向に進むかぎり、真の安全性を保障することにはならない。却って、内部の硬直化にかかわらず、全体は不確かで不安定な「賭け」という性格をますます強めていく。それだけでなく、自由や権利の制限、さまざまな管理、統制、抑圧にどれだけ市民の忍耐心や適応力が耐えられるかも問題であり、その反作用として「社会的自然の爆発」を恐れなければならないことになる。「硬直した道」の絶頂は最大の破局に通じていると見なされるのである。

そうした「硬直した道」の危険性に対し、ユンクは別の道の可能性を問い、「柔軟な道」を提唱する。それは、原子力開発の孕むさまざまな不合理を身をもって体験し、これに反対せざるをえなくなった人びとに源泉を持つ。それは、市民の健康や環境を護り回復する運動としてあるが、同時に自由を求め信頼と連帯を回復する闘いという意味を持つ。

「硬直した道」が抑圧、自然破壊、疎外、冷淡さ、孤立、敵対を生むのに対し、それはつつましさや公平さを称え、自然との結びつきを求め、感情の意味を肯定し、美しいものへの愛を失わず、想像力を解放しようとする。こうして、新しい文化の創造に誰もが参加することを求めるのである。この運動の精神は、六〇年代の学生運動が追求した「対抗文化」に由来するが、これが今日では職業や立場の違いを超え、国境を越えて展開しつつあるのである。その前途は決して楽観を許されないにせよ、原子力開発にともなう非人間化の過程を凝視するならば、それが選択されうる唯一の可能性であることを、ユンクは教えているのである。

冒頭に述べたとおり、本書の初訳が出てから四〇年近くになる。書物の生命という点からは、それは決して長い時間ではない。しかし、本書が今改めて読者の関心を喚起しているということは、ユンクの先見性を証するものであろう。

チェルノブイリの事故の年、西ドイツにいた訳者の周りでは、放射能を含んだ原子雲の襲来への不安の中で、若い学生たちが「食物を食べて死ぬか、空腹で死ぬかのどちらかだ」と苦い冗談を交わしていた。それも大分過去の話となった。そして、それと同じ過酷事故がついに我が国でも起こった。いつ終熄するかもしれないこの事故は、福島を広島、長崎に次ぐ第三の原子力被災都市として我が国の歴史に永久に刻み込むこととなろう。そして、本書を知る人びとの中には、ユンクの指摘が的中したと感じる人も少なくないであろう。現実はユンクが語った「未来」の域に達し、人びとは事故の技術的処理は無論のこと、生活、経済、環境をめぐる未知の問題と真剣に取り組むことが求められているのである。

ともあれ、世界中の眼が福島をはじめ東日本に注がれていることは重要である。原子力災害には国境や聖域はないという認識が共有され、世界が一体となることができるならば、人類が新たな一歩を踏み出すきっかけになるかもしれない。

日々刻々と伝えられるニュースを視聴しながら、こうしたことを考えている時に、日本経済評論社の谷口京延氏から本書の再刊を促すお便りを頂いた。紹介者として若干の責務を感じていたこともあり、直ちに再刊の労をお願いすることとした。本書が改めて人々の眼に触れ、現状の認識と判断の拠り所となれば、原著者ユンク氏に対する責任も多少は果たせることになると思う。同社の方々に感謝の気持ちを申し述べたい。

二〇一五年四月

山口　祐弘

【訳者略歴】
山口祐弘（やまぐち　まさひろ）
1944年　東京に生まれる
東京大学大学院人文科学研究科博士課程修了。Ph. D. 哲学専攻。
《現　在》　東京理科大学教授
《著訳書》　『近代知の返照』(学陽書房)、『ドイツ観念論における反省理論』(勁草書房)、『カントにおける人間観の探究』(同)、『ヘーゲル哲学の思惟方法』(学術出版会)、『ドイツ観念論の思索圏』(同)、ホルクハイマー『理性の腐蝕』(せりか書房)、シュベッペンホイザー『アドルノ』(作品社)、ヘーゲル『理性の復権』(批評社)、ヴォルフ『矛盾の概念』(学陽書房)、バウアー『ルードヴィヒ・フォイエルバッハの特性描写』(ヘーゲル左派論叢、お茶の水書房)、フィヒテ『一八〇四年の知識学』(哲書房)

原子力帝国

2015年7月15日　第1刷発行　定価（本体2500円＋税）

著　者　ロベルト・ユンク
訳　者　山口祐弘
発行者　栗原哲也

発行所　株式会社　日本経済評論社
〒101-0051　東京都千代田区神田神保町3-2
電話 03-3230-1661　FAX 03-3265-2993
info8188@nikkeihyo.co.jp
URL: http://www.nikkeihyo.co.jp

装幀＊渡辺美知子　印刷＊文昇堂・製本＊誠製本

乱丁・落丁本はお取替えいたします。　Printed in Japan

ISBN978-4-8188-2192-7



※本書は1989年社会思想社より刊行された。